生态环境部对外合作与交流中心研究成果
生态环境保护国际经验借鉴与比较研究系列丛书

俄罗斯环境管理研究

周国梅　王语懿　李菲　等 编著

中国环境出版集团 · 北京

图书在版编目 (CIP) 数据

俄罗斯环境管理研究 / 周国梅，王语懿，李菲编著 . —北京：中国环境出版集团，2020.12

ISBN 978-7-5111-4571-0

Ⅰ. ①俄…　Ⅱ. ①周… ②王… ③李…　Ⅲ . ①环境管理—研究—俄罗斯　Ⅳ. ① X321.512

中国版本图书馆 CIP 数据核字（2020）第 259550 号

出 版 人　武德凯
责任编辑　曲　婷
责任校对　任　丽
封面设计　彭　杉

出版发行　中国环境出版集团
（100062　北京市东城区广渠门内大街 16 号）
网　　址：http: //www.cesp.com.cn
电子邮箱：bjgl@cesp.com.cn
联系电话：010-67112765（编辑管理部）
010-67112736（第五分社）
发行热线：010-67125803，010-67113405（传真）

印　　刷　北京中科印刷有限公司
经　　销　各地新华书店
版　　次　2020 年 12 月第 1 版
印　　次　2020 年 12 月第 1 次印刷
开　　本　787 × 1092　1/16
印　　张　16.75
字　　数　244 千字
定　　价　60.00 元

编 委 会

FORWORD

前言

俄罗斯地大物博，拥有丰富的自然资源和良好的生态环境，但经济社会的发展仍给其生态环境保护工作带来了一定压力。俄罗斯政府高度重视生态安全和环境保护工作，出台一系列生态环保政策，在各领域推行生态环保措施，形成了一套较为完善的环境管理体系。

生态环保合作是中俄全面战略协作伙伴关系的重要组成部分。2019 年 6 月 5 日，中国国家主席习近平与俄罗斯总统普京在莫斯科举行会谈，并发表《中华人民共和国和俄罗斯联邦关于发展新时代全面战略协作伙伴关系的联合声明》，强调“加强跨界水体保护、环境灾害应急联络、生物多样性保护、应对气候变化、固废处理等领域合作”。在中俄总理定期会晤委员会环保合作分委会、上海合作组织、金砖国家等框架下，中俄积极开展双多边领域交流与合作，取得务实成效。

为深化中俄生态环保合作，为各相关方提供有益信息，生态环境部对外合作与交流中心（中国—上海合作组织环境保护合作中心）组织编写完成《俄罗斯环境管理研究》。本书分为“俄罗斯生态环境战略和政策研究”和“俄罗斯生态环境专题研究”两部分。上篇主要梳理了俄罗斯国家生态环境战略、政策与措施，以及国际合作经验等，以期为中国制定相关政策提供借鉴；下篇聚焦生态环境领域专题，系统研究了俄罗斯大气、水、土壤、固体废物污染防治进展，以及在生物多样性保护、城市环境管理、自然保护地监管等方面的经验，并为推动中俄生态环保合作提供建议和参考。

本书为生态环境部对外合作与交流中心研究成果“生态环境保护国际经验借鉴与比较研究”系列丛书之一，在中国生态环境部国际合作司的指导下完成。本书内容组织和编写过程中得到了北京市环境保护科学研究院、北京师范大学、江南大学、中国石油大学、首都师范大学等单位的大力支持，在此表示衷心感谢。

编委会

2020 年 11 月

CONTENTS

目录

上篇　俄罗斯生态环境战略和政策研究

下篇　俄罗斯生态环境专题研究

上篇

俄罗斯生态环境战略和政策研究

俄罗斯国家生态环境保护战略研究

李 菲 周国梅[①]

摘 要 生态环境保护是俄罗斯政府和社会一直高度关注的话题。2018年5月7日，俄罗斯总统普京签署《2024年前俄联邦发展国家目标和战略任务》总统令，确定了俄罗斯在社会、经济、生态、教育和科学等领域的中长期发展目标。为落实生态环保领域的战略目标，2017年4月，俄罗斯颁布实施《俄罗斯联邦2025年前生态安全战略》，2018年12月发布国家项目“生态”。为此，本文研究了俄罗斯在生态环保领域的战略要求、相关战略和项目文件，为我国生态环境工作及对俄环保合作提出政策建议。

关键词 俄罗斯；生态；战略；项目

俄罗斯地大物博、幅员辽阔，拥有丰富的自然资源和良好的生态环境。但近年来，随着经济社会的发展，俄罗斯的环境污染问题不断加剧，俄罗斯政府和民众对此表示担忧，对生态环保工作的关注度不断增加。

普京曾指出，俄罗斯每年因生态环境问题导致的经济损失约占全年国内生产总值的6%，而如果考虑对人民健康的影响，将占到15%；俄罗斯约一半城市居民生活在大气污染的环境中，交通对大气污染的贡献率达到50%~90%；大部分地表水处于被污染状态，7%的居民无法获得清洁的饮用水；几乎所有地区的土壤和耕地质量都有恶化趋势等[②]。

根据俄罗斯非政府组织、独立民调机构“列瓦达中心”2019年12月

① 李菲、周国梅，生态环境部对外合作与交流中心。

② http：//www.kremlin.ru/events/president/news/53602.

在俄罗斯开展的一项民意调查显示，48% 的受访者认为，环境污染问题是21 世纪全球面临的最主要威胁，这些环境污染问题包括空气污染、生活垃圾和核废料处理问题、自然资源枯竭等[①]。

一、俄罗斯关于生态环保的总体要求

俄罗斯政府高度重视生态环境保护，将其列为国家发展战略的重要工作之一，普京总统在历次会议和讲话中强调生态环保工作的重要性和迫切性，生态环保也作为国家政策的重要方向被纳入国家战略文件中，如《俄罗斯联邦国家安全战略》（以下简称《战略》）、《俄罗斯 2024 年前国家发展目标和战略任务》。为维护生态安全，2017 年俄罗斯出台《俄罗斯联邦2025 年前生态安全战略》；为落实《俄罗斯 2024 年前国家发展目标和战略任务》中的相关要求，2019 年俄罗斯开始实施国家项目“生态”，这成为俄罗斯当前在生态环保领域的工作重点，指明了俄罗斯生态环保工作的发展方向。

（一）普京对生态环保工作的相关部署

1. 俄罗斯国家生态发展会议

2016 年 12 月 27 日，俄罗斯总统普京在克里姆林宫主持召开关于“为了后代利益的俄罗斯联邦生态发展”问题的国家委员会会议。这是国家委员会首次召开生态环保主题的会议，普京总统全程主持，各地方政府、部委、各主要政党负责人，以及相关社会组织和媒体代表与会，就废物处理、大气污染、水环境保护、生态保护等问题进行交流，并探讨了环境立法、环保宣传和教育、环境管理体制机制、环保与人体健康问题等。

会上，普京发表重要讲话并强调，俄罗斯将在生态可持续的基础上发展经济；保护环境迫在眉睫，生态问题已被列为国家科技发展战略的优先方向。普京总统提出了未来俄罗斯生态环保工作的优先方向，包括：减少

① http：//sputniknews.cn/russia/202001231030508540/.

大气、水体、土壤污染物排放，推行最佳可行技术；完善环境信息系统，以便客观评价国家环境状况；对生产和消费废物进行无害化处理，完善废物处理领域的法律法规和标准文件；推动公众和社会组织参与解决生态环境问题等[①]。

2. 2020 年国情咨文

2020 年 1 月 15 日，俄罗斯总统普京向莫斯科议会上下两院发表国情咨文，为俄罗斯发展规划方向。在生态环保领域，普京总统提出了以下几点要求：

一是建立全国生态环境监测体系，以监测大气、水、土壤环境状况。

二是要求企业承担社会和环境责任，在 2020 年年底前，300 家大型污染企业中至少 80 家实现最佳可行技术转型，取得综合环保许可证，不断减少污染物排放。

三是推广垃圾分类，减少垃圾填埋数量，逐步走向循环经济。自 2021 年起实行生产者责任延伸制度，由商品和商品包装的生产者和进口商承担回收成本。

四是与国内外专家共同开展生态、气候变化、环境和海洋污染等全球性环境问题研究[②]。

（二）国家战略文件中生态环保相关内容

1. 俄罗斯国家安全战略

2015 年 12 月 31 日，俄罗斯总统普京签署第 683 号总统令，批准新修订的《俄罗斯联邦国家安全战略》。其中指出，随着环境问题、食品安全问题更加复杂化，淡水资源匮乏、气候变化影响加剧，更多不明病毒引发疾病扩散，国家和社会安全面临全球气候变化、自然灾害等带来的影响。

该战略强调，生态安全是国家安全的重要组成部分，生物系统的生态和自然资源的合理利用是国家战略的九个优先方向之一，并专门阐述了生

① http：//www.kremlin.ru/events/president/news/53602.

② http：//www.kremlin.ru/events/president/news/62582.

态安全领域的战略目标、面临的威胁和任务等。

根据《俄罗斯联邦国家安全战略》所述，当前，对俄罗斯生态安全状况造成不利影响的因素包括：不合理和掠夺式的自然资源利用导致矿产资源、水资源和生物资源枯竭；经济发展中以资源开发和资源密集型产业为主，影子经济在自然资源利用中的比重较大；一些地区生态环境状况不佳，污染较重，自然环境退化。此外，对环境有害的产业增加，大气污染物、工业废水和城市污水处理能力不足，生产和消费废物处理、加工和处置的效率低下，加之其他国家的有毒物质、传染病病原体和放射性物质带来的跨界环境污染，造成生态环境问题愈加突出。与此同时，国家环境监管和环境执法效率不足、环境宣传和教育水平不高，加剧了环境问题的恶化。

保障生态安全和自然资源合理利用的战略目标是：保护和修复自然生态系统，保障居民生活和经济可持续发展所需的良好环境质量；消除日益增长的经济活动和全球气候变化带来的环境损害。为此，需要制定和实施旨在保护和再生自然生态环境、提高环境教育水平和居民环保意识的长期国家政策。政府机关、地方自治机构和社会大众要共同采取措施，具体包括以下方面：

（1）促进采用创新技术，发展环境无害化生产。

（2）发展生产和消费废物处理和回收利用行业。

（3）建造符合现代环境标准的垃圾填埋场，以便堆放、处理、处置生产和消费固体废物。

（4）建设并改造环保设施，应用大气和水污染物减排技术。

（5）提高预防和消除突发环境事件影响的能力和装备水平。

（6）消除人为因素对环境造成的不良影响，包括修复被军事活动或其他人为活动污染的土地和水域。

（7）最大限度地减少矿产勘探和开发造成的环境损害，修复被破坏的土地。

（8）完善国家环境管理与监督体系，发展国家环境、动植物和土地资源监测体系，对放射性废物、有害化学和生物废物进行监管，确保遵守饮用水、大气和土壤方面的流行病学和卫生标准。

（9）提高环保标准和要求，建立环保基金体系。

（10）建设自然保护地体系，保护珍稀和濒危动植物物种、独特的自然景观和生态系统。

（11）加强环境保护领域的国际合作，降低俄罗斯边境地区的环境风险。

2. 俄罗斯 2024 年前国家发展战略

2018 年 5 月 7 日，俄罗斯总统普京签署了《俄罗斯 2024 年前国家发展目标和战略任务》的总统令，确定了俄罗斯在社会、经济、生态、教育和科学等领域的国家发展目标和战略任务，其中包括生态领域。

根据总统令，俄罗斯 2024 年前在生态领域应达成的目标包括：①有效处理生产和消费废物（包括取缔 2018 年 1 月 1 日前查明的所有市内违建垃圾场）；②大幅降低大型工业区空气污染水平，将重污染城市的大气污染物排放量减少 20% 以上；③改善居民饮用水质量，尤其是未安装现代化集中供水系统的居民点；④修复伏尔加河等水体的生态系统，保护贝加尔湖、捷列茨科耶湖等独特水生态系统；⑤保护生物多样性，新建至少 24 个自然保护地。

为达成上述目标，需解决的任务共 9 项，具体见表 1。

表 1　2024 年前俄罗斯生态领域发展任务

序号	内容
1	建立城市固体废物综合管理体系，包括取缔垃圾填埋场并进行土地修复，为所有禁止填埋的生产和消费废物的二次加工创造条件
2	在所有俄罗斯联邦主体建立并有效运行社会监督体系，以查明和消除违法垃圾场
3	建设现代化基础设施，确保危险等级为Ⅰ类和Ⅱ类的废物能得到安全处理，消除造成累积性环境损害的危险项目设施
4	结合大型工业中心（包括布拉茨克、克拉斯诺亚尔斯克、利佩茨克、马格尼托戈尔斯克、梅德诺戈尔斯克、下塔吉尔、新库兹涅茨克、诺里尔斯克、鄂木斯克、车里雅宾斯克、切列波韦茨和赤塔等城市）的环境容量计算，实施大气污染物减排综合行动计划

续表

序号	内容
5	将以最佳可行技术利用为基础的环境管理系统应用于对环境产生重大负面影响的所有企业和项目
6	通过采用先进的水处理技术，包括国防工业机构开发的技术，实现供水系统的现代化，提高饮用水质量
7	开展水体生态修复工作，包括实施旨在将伏尔加河废水排放量减少 1/3 的项目，对伏尔加河下游水利设施进行可持续管理，保护伏尔加河—阿赫图巴河漫滩地的生态系统
8	保护独特水体，包括实施贝加尔湖保护项目，并采取措施清理贝加尔湖、捷列茨科耶湖、拉多加湖、奥涅加湖、伏尔加河、顿河、鄂毕河、叶尼塞河、阿穆尔河、乌拉尔河、伯朝拉河等湖泊和河流岸边及沿岸水域的垃圾
9	保护生物多样性，包括将自然保护地面积增加 500 万公顷、再次引入稀有动物品种、在国家公园内建设生态旅游基础设施，以及保护森林，包括在所有被砍伐的地区进行森林种植

二、俄罗斯联邦 2025 年前生态安全战略

2017 年 4 月 19 日，俄罗斯总统普京签署总统令，颁布《俄罗斯联邦 2025 年前生态安全战略》（以下简称《战略》）。《战略》由俄罗斯自然资源与生态部制定，是发展俄生态安全系统的基础文件，旨在应对生态安全领域的威胁与挑战，保障国家长期稳定发展，维护国家利益，保证自然环境安全以及个人权益，规避自然或人为活动可能带来的危险。

（一）《战略》的主要内容

根据《战略》所述，俄罗斯大部分人口、工业和农业生产活动都聚集在 15% 的国土范围内，生态环境状况不容乐观。尽管采取了一些减少环境污染、预防突发环境事件、适应气候变化等方面的措施，但生态安全的威胁依然存在。

1. 生态安全面临的挑战和威胁

俄罗斯生态安全面临的全球性挑战包括：

（1）气候变化对人类生活和健康、动植物状况造成影响，在个别地区对居民生活和可持续发展造成重大威胁。

（2）在经济全球化的背景下，自然资源消耗日益增加与自然资源储量日益减少之间的矛盾引发自然资源争夺战，对俄罗斯国家安全造成威胁。

（3）环境状况恶化带来的后果，包括荒漠化、干旱、土地和土壤退化等。

（4）生物多样性减少导致生态系统完整性遭到破坏。

俄罗斯生态安全面临的内部挑战包括：

（1）居民集中区环境污染程度高，自然环境逐渐退化。

（2）由于污染物跨境传输带来的大气和水体污染，包括从其他国家带来的有毒和放射性物质。

（3）大部分水体的污染程度高、水质较差，小型河流生态系统退化，大型工业企业所在区域的地下水遭到人为污染。

（4）生产和消费废物产生量增加，而处理率低下。

（5）累积性环境损害较大，一些区域遭到放射性和化学污染。

（6）土地和土壤退化严重，植物物种减少。

（7）动物多样性减少，珍稀动物种群数量减少。

（8）生产设备老化，经济部门技术现代化进程较慢。

（9）研发和采用清洁技术的水平较低。

（10）自然资源利用领域存在严重违法行为和黑色交易。

（11）国家和各经营主体对环境保护的资金投入不足。

（12）对已征收的环境税、环境污染费及其他相关的行政罚款、税收等使用不合理、效率较低。

（13）环保宣传和教育水平较低，居民的环保意识不高。

俄罗斯生态安全面临的外部威胁包括：跨界大气污染、森林火灾、跨界水体水量再分配、阻碍水生生物等动物迁徙、非法开采或捕捞水生生物资源、猎杀迁徙动物物种、携带病菌的生物体或各类病原体进入俄罗斯境内。

随着全球竞争越来越激烈，一些不负责任的外国或者跨国企业在俄罗斯可能会有一些对环境不利的经济行为，或试图把一些环境污染型产业和废弃物转移到俄罗斯境内，同时，很可能进口一些对环境、居民生命和健康危害较高的产品或废弃物。此外，由于对俄罗斯的制裁，俄罗斯在获取国外先进环保技术、产品和设备方面也存在一定限制和困难。

2.《战略》的目标、任务和优先领域

俄罗斯在保障生态安全领域采取国家调控措施的目标是：保护和修复自然环境、保障居民良好生活和经济可持续发展所需的环境质量、消除因经济发展或全球气候变化带来的环境损害。

为实现上述目标，应对生态安全面临的威胁和挑战，需要解决以下主要任务：

（1）预防地表水和地下水污染，改善被污染水体的水质，修复水生态系统。

（2）预防大气污染，降低城市和其他居民区的大气污染程度。

（3）有效利用自然资源，提高生产和消费废物的回收利用率。

（4）消除累积的环境损害。

（5）预防土地和土壤退化。

（6）保护生物多样性、陆地和海洋生态系统。

（7）减轻气候变化对自然环境带来的不利影响。

《战略》规定，为完成上述任务，需优先在以下领域开展工作：

（1）完善环境保护和自然资源利用领域的立法，开展维护生态安全的体制机制建设。

（2）采用清洁技术和创新技术，推动环境无害化生产。

（3）完善生产和消费废物有效处理体系，发展废物处理行业，包括废物的回收再利用。

（4）提高放射性废物、有害化学和生物废物监管方面的效率。

（5）建设和更新环保设备，应用相关技术，减少大气和水污染物排放总量和浓度。

（6）最大限度地降低危险工业企业事故和其他人为突发事件的风险。

（7）提高应对自然和人为突发环境事件的能力和水平。

（8）消除人为因素对环境造成的不良影响，修复被污染的土地和水域。

（9）最大限度地减少矿产勘探和开发造成的环境损害。

（10）减少因经济活动或其他行为而造成破坏的土地面积。

（11）实施保护和合理利用森林、动物、水生生物等自然资源的措施，保护森林的可再生性。

（12）加大生物多样性保护力度，保护珍稀和濒危物种及其栖息地，完善自然保护地体系建设。

（13）建立和完善环保基金体系。

（14）加强在环境保护和自然资源利用领域的基础和应用科学研究，包括研发环保清洁技术。

（15）完善环保宣传和教育体系，提高生态安全保障方面的能力水平。

（16）在维护本国利益的前提下，深化在环境保护和自然资源利用领域的国际合作。

（二）《战略》的实施

1.《战略》的落实机制

《战略》的主要落实机制包括：

（1）在国家层面对温室气体排放进行管控，制定致力于减少温室气体排放、保障经济可持续发展的社会经济发展长期战略。

（2）建立包含环境和工业安全要求的技术管理体系。

（3）对涉及俄罗斯联邦、地区和城市发展的项目和规划开展战略环评，对工业安全开展生态鉴定。

（4）针对对环境、居民生命和健康有潜在危害的行为和行业实行许可证制度。

（5）建立环境保护领域的标准体系和许可制度。

（6）对环境有危害的生产企业实行综合环保许可制度，推动采用最佳可行技术。

（7）对城市和居民聚集区的大气污染状况（包括移动污染源和固定污染源）开展综合调查和计算。

（8）发布《俄罗斯联邦红皮书》和各联邦主体的红皮书。

（9）实施保护珍稀和濒危动植物及其他生物的战略。

（10）完善自然保护地体系建设。

（11）提高环境保护领域的国家生态监督、生产监管、社会监督和国家监测水平，其中包括动植物、土地资源监管和监测。

（12）提高俄罗斯各联邦主体的环境执法能力和水平。

（13）开展国家卫生防疫监管和公共卫生监测。

（14）建立环境审计体系。

（15）鼓励采用最佳可行技术，建立符合环保要求和标准的废物堆存、加工、处理和处置场所，通过补贴、税收和其他优惠政策来提高废物回收利用率。

（16）制定环境保护和自然资源利用领域的规划和纲要。

（17）建立和完善国家环境信息系统，保障政府、企业和社会获取关于环境状况和污染源的信息，包括建立国家环境监测数据库和统一的国家废物统计信息系统。

（18）保障居民和相关组织获取关于不利气象条件、地质灾害、环境污染状况的信息。

2.《战略》的实施效果评价

《战略》的实施效果和生态安全状况的评估指标包括：

（1）环境质量不达标的区域占国土面积的比例。

（2）生活在环境质量不达标区域的居民人数占全国总人口的比例。

（3）生活在饮用水水质不符合卫生标准的区域的居民人数占全国总人口的比例。

（4）当年温室气体排放量与1990年排放量的对比值。

（5）单位国内生产总值产生的危险级别为Ⅰ类、Ⅱ类、Ⅲ类、Ⅳ类、Ⅴ类的废物数量。

（6）危险级别为Ⅰ类、Ⅱ类、Ⅲ类、Ⅳ类、Ⅴ类的废物回收和无害化处理率。

（7）对环境造成损害的项目工程的清除比例。

（8）被破坏的土地面积占国土面积的比例。

（9）联邦、地区和地方级的自然保护地面积占国土面积的比例。

（10）森林面积占国土面积的比例。

3. 部门分工和措施清单

俄罗斯联邦和各联邦主体将依据《战略》制定相关规划，并拨出专项资金用于实施《战略》。政府和地方机构在其职责范围内落实《战略》，公民和社会团体依据相关立法参与国家政策的落实。

生态安全保障领域的主要方向、目标和优先领域由俄罗斯联邦总统确认。俄罗斯联邦议会联邦委员会和国家杜马在其职责范围内对生态安全领域的立法进行调控。俄罗斯联邦政府负责组织落实相关政策，每年向总统提交关于生态安全状况及其保障措施的报告。国家环境监测机构负责开展生态安全状况的监测和评估工作。

为落实战略，2019 年 5 月俄罗斯联邦政府出台了《〈俄罗斯联邦 2025 年前生态安全战略〉落实措施计划》。该措施计划中共包括 50 项具体措施，每项措施都明确了落实期限和执行部门，主要措施内容见表 2。

表 2　《俄罗斯联邦 2025 年前生态安全战略》落实措施

编号	措施名称	执行机构
1	完善环保法律法规，包括废物处理、环境审计、机动车大气污染物排放、生态安全保障等方面的法律文件	自然资源与生态部、工业与贸易部、经济发展部、能源部等
2	采用创新和环境友好技术，发展清洁生产；实施“最佳可行技术应用”联邦项目；开展国际合作，实施联合项目，研究借鉴国外先进技术	自然资源与生态部、外交部、经济发展部等
3	完善生产和消费废物有效处理体系，发展废物处理行业；实施“城市固体废物综合处理体系”联邦项目，监督生活垃圾区域运营体系的建立情况	自然资源与生态部、经济发展部、工业与贸易部、反垄断局、各联邦主体

续表

编号	措施名称	执行机构
4	提高对Ⅰ～Ⅱ类废物处理的监管效率；建立包含区域子系统在内的国家环境监测数据库，给各级部门、有关商业机构、企业和厂商提供真实可靠的环境信息	自然资源与生态部、水文气象局、卫生部、各联邦主体等
5	实施“清洁空气”项目，建设并修复环保设施，采用大气和水污染物减排技术，推动清洁交通	自然资源与生态部、建设部、经济发展部等
6	制定综合措施，最大限度降低危险工业企业事故和其他人为突发事件的风险；提高突发环境事件应急处置能力	自然资源与生态部、能源部、紧急情况部、卫生部、消费者权益保护与公益监督局等
7	消除人为因素对环境造成的影响，清除北极地区累积环境损害；修复国防部所在的土地，试点运行小型军工废物处理项目；借鉴国际经验，修复被污染的土地和水域；预防石油泄漏，建立石油泄漏突发事件通报机制；基于遥感监测数据，研究生态安全监管问题	自然资源与生态部、国防部、经济发展部、紧急情况部、能源部、农业部等
8	保护生物多样性，包括珍稀和濒危物种及其栖息地；对自然保护地进行分区管理	自然资源与生态部、水资源署、各联邦主体等
9	研究建立环境基金的问题	自然资源与生态部、经济发展部、财政部等
10	加强基础和应用科学研究，研发环保清洁技术；确定环保科技发展的优先方向；就编制《生态可持续发展国家报告》提出建议；实施周期性的科技项目	自然资源与生态部、科学与高等教育部、工业与贸易部、经济发展部等
11	完善环保宣传和教育体系，将环保基础知识纳入国家教育体系；开展能力建设与培训，提高生态安全保障水平；利用媒体宣传环保节能理念	自然资源与生态部、科学与高等教育部、新闻出版与大众传媒署、青年事务署等
12	深化环境保护和自然资源利用领域的国际合作；在双（多）边框架下加强合作，就废物处理和最佳可行技术交流经验；修订双（多）边协议，控制跨界环境影响，维护国家利益；在国际上推广俄罗斯先进环保经验与技术；强化俄罗斯在国际环境议题中的地位	自然资源与生态部、外交部、工业与贸易部、经济发展部等

续表

编号	措施名称	执行机构
13	减轻气候变化对环境带来的不良影响；发展自然保护地体系，以便在气候变化的条件下保护动植物基因和生物多样性、陆地及水生生物系统	自然资源与生态部、各联邦主体
14	在国家层面采取温室气体排放控制措施	自然资源与生态部、经济发展部等
15	监督《战略》的落实情况，每年向俄罗斯政府提交关于俄罗斯生态安全状况及其强化措施的报告；确定评价生态安全状况的指标体系，并提交指标完成情况和评价结果	自然资源与生态部、经济发展部、消费者权益保护与公益监督局等

三、国家项目“生态”

为落实俄罗斯总统普京2018年签署的《俄罗斯2024年前国家发展目标和战略任务》中的相关要求，俄罗斯专门设立国家项目，解决经济社会发展领域的重大问题。国家项目涉及人口、医疗、教育、就业、住房与城市环境、生态、公路现代化、道路安全、科学、数字经济、文化、中小企业、国际合作与出口等13个战略领域。2018年12月24日，俄罗斯总统理事会主席团和国家项目主席团决议批准了国家项目“生态”。俄罗斯联邦政府副主席承担项目的总协调工作，俄罗斯自然资源与生态部部长指导项目实施，副部长为项目的具体负责人。项目实施期限至2024年年底。国家项目“生态”是俄罗斯近几年的重要环保工作文件。

（一）项目主要内容

国家项目“生态”共包括11个联邦项目，分别为：清洁国家、城市固体废物综合管理体系、Ⅰ类和Ⅱ类废物处理基础设施、清洁空气、清洁水、伏尔加河修复、贝加尔湖保护、独特水体保护、生物多样性保护和生态旅游发展、森林保护、最佳可行技术应用，涉及大气、水、固废、生物多样性和林业保护、环保技术等5个重点领域。下面将按具体领域来梳理项目主要内容。

1. 废物处理

近年来，废物处理成为俄罗斯重点关注的环境问题。在国家项目“生态”中，涉及废物处理问题的共有“清洁国家”“城市固体废物综合管理体系”“Ⅰ类和Ⅱ类废物处理基础设施”3个项目。

“清洁国家”项目的主要内容包括：

一是逐步取缔2018年1月1日前查明的市内违建垃圾场，并开展土地修复。到2021年年底前累计取缔并修复76个，到2024年累计取缔并修复191个。

二是清除造成累积性环境损害的危险项目设施，到2021年累计清除67个，到2024年累计清除75个。

三是在所有联邦主体建立并有效运行社会监督体系，以查明和消除违法垃圾场。2019年3月由俄罗斯联邦自然资源利用监督局运行国家信息系统“我们的大自然”，专门收集和处理社会民众关于环境违法行为的信访和举报信息。

“城市固体废物综合管理体系”项目的主要目标是建立城市固废管理体系，为所有禁止填埋的废物的二次加工创造条件，具体措施包括以下几个方面：

一是于2018年成立公共法务公司，保障城市固体废物处理基础设施建设的联合融资，包括征收使用环保费等。

二是到2019年5月完成城市固体废物管理体系建设的法律法规编制工作。

三是到2019年年底前在所有联邦主体开展城市固体废物处置场的清点工作，并根据清点结果制定区域废物处理路线图。

四是2020年9月底前对国家废物统计系统进行改造，增加关于城市固废处理的相关内容，包括城市固废的堆放位置、处理能力、专业化处置（填埋、分类、处理）、运往填埋场的路线和拟建设的城市固废处理设施等信息。

五是2020年10月底前开发废物处理（包括城市固废处理）的区域网

络电子模型；2020 年 12 月底前，建立城市固体废物管理联邦电子模型。

六是提升城市固废处理和回收能力，2021 年城市固废处理量达 2 170 万吨，回收利用量达 1 390 万吨；2024 年处理量达 3 710 万吨，回收量达 2 310 万吨。

“Ⅰ类和Ⅱ类废物处理基础设施”项目旨在保障Ⅰ类和Ⅱ类废物的无害化处理，具体任务包括：

一是完善Ⅰ类和Ⅱ类废物处理的法律基础和技术方法，确定废物处理联邦运营商。

二是 2020 年 10 月前开发并运行联邦Ⅰ类和Ⅱ类废物处理体系以及统一的国家Ⅰ类和Ⅱ类废物统计和监管信息系统。

三是将部分化学武器销毁项目从地方移交给联邦运营商，将从事化学武器销毁的企业改造为Ⅰ类和Ⅱ类废物加工、利用和无害化处理的跨区域企业。

四是建设Ⅰ类和Ⅱ类废物处理基础设施。

2. 大气污染防治

“清洁空气”项目旨在改善大型工业中心的生态环境状况，减少大气污染物排放，具体任务见表 3。

表 3　“清洁空气”项目具体任务分工表

序号	目标任务	完成期限	负责部门
1	制订大型工业中心（包括布拉茨克、克拉斯诺亚尔斯克、利佩茨克、马格尼托戈尔斯克、梅德诺戈尔斯克、下塔吉尔、新库兹涅茨克、诺里尔斯克、鄂木斯克、车里雅宾斯克、切列波韦茨和赤塔等城市）的大气污染物减排综合措施计划	2018 年年底	俄罗斯联邦政府
2	根据污染物排放清单和大气监测数据，对措施计划中的相关举措进行核查	2019 年 4 月 1 日	联邦主体执行机构、自然资源利用监督局、水文气象与环境监测局等其他相关部门

续表

序号	目标任务	完成期限	负责部门
3	对大气污染状况进行汇总计算，并对大气监测仪器进行调查；分析现有大气状况监测网络是否具有样本代表性，并研究完善监测网络的方法	2020 年 5 月 1 日	自然资源利用监督局、水文气象与环境监测局等
4	利用大气污染物排放在线自动监测数据、国家环境和卫生监测网络数据，以及大气污染状况监测汇总数据，推行大气环境质量分析信息系统	2020 年 7 月 1 日	自然资源利用监督局、水文气象与环境监测局、消费者权益保护与公益监督局、联邦统计局等
5	将大气污染物排放总量减少 5%	2021 年年底	联邦主体执行机构
6	降低下塔吉尔、新库兹涅茨克、赤塔市的大气污染水平	2021 年年底	联邦主体执行机构
7	对国家大气监测网络进行完善和现代化改造	2021 年年底	水文气象与环境监测局
8	将年度大气污染物排放量减少 22%	2024 年年底	联邦主体执行机构
9	降低下塔吉尔、新库兹涅茨克、赤塔市、布拉茨克、克拉斯诺亚尔斯克、车里雅宾斯克、马格尼托戈尔斯克和诺里尔斯克的大气污染水平	2024 年年底	联邦主体执行机构

3. 水污染防治与水体保护

俄罗斯水资源丰富，河流湖泊众多，主要河流包括伏尔加河、额尔齐斯河、顿河、安加拉河、叶尼塞河、勒拿河等，还有世界上最深、蓄水量最大的淡水湖——贝加尔湖。1996 年，贝加尔湖被列入世界自然遗产名录。近年来，俄罗斯水体也遭受了一定污染，俄政府对水体的保护力度不断加大。在国家项目“生态”下，与水体保护相关的包括“清洁水”“伏尔加河修复”“贝加尔湖保护”“独特水体保护”4 个联邦项目。

“清洁水”项目的主要任务是通过改造供水设施，采取先进水处理技术，提高饮用水质量，具体包括：

一是2019年8月1日前出台水处理技术指南，并对所有集中供水和水处理系统设施状况进行评估。

二是2019年9月底制定各联邦主体的供水和水处理设施改造与建设计划，保障用水安全。

三是2021年年底实现为95.5%的城市居民提供高质量饮用水的目标。

四是2024年年底前在各地方实施集中供水和水处理设施改造项目。

“伏尔加河修复”项目旨在减少伏尔加河污染物排放、保障水利设施安全、清除累积环境损害等，具体任务包括：

一是将伏尔加河污水排放量减少1/3。为此，将对集中给排水企业的污水处理系统进行评估，确保达标排放。同时，对集中给排水企业的污水处理设施进行建设和改造，到2021年年底，将伏尔加河的污水排放量每年减少0.59千米^3；到2024年年底，将伏尔加河污水年排放量减少2.12千米^3。

二是确保伏尔加河下游水利设施的可持续运行。为此，需分阶段达成相关任务目标。①2021年年底前，清理175米灌溉水渠，翻修6座水利设施；清理28.2千米长度的水域，修复伏尔加河下游900公顷水体的生态；清理并疏通至少201.8千米鱼道，修复至少15.9公顷水体；新建或修复18个排水设施，以改善伏尔加河下游地区的水循环。②2023年年底前，修建水利设施综合体，保障阿赫图巴河的额外供水。③2024年年底前，清理319千米长度的水域，修复伏尔加河下游1 500公顷水体的生态；新建或修复89个排水设施，以改善伏尔加河下游地区的水循环。

三是清除对伏尔加河带来威胁的累积环境损害设施。2021年年底前清除15个相关设施，2024年年底前清除43个。

四是减少沉没船只带来的负面影响。2024年年底前，伏尔加河水域打捞和处置95艘沉船。

“贝加尔湖保护”项目的主要任务和分工见表4。

表 4　“贝加尔湖保护”项目任务分工表

序号	目标任务	完成期限	负责部门
1	保护和再生水生生物资源，投放 30 万尾秋白鲑鱼苗和 30 万尾鲟鱼苗	2021 年年底	农业部、联邦渔业署
2	建设和改造贝加尔湖及其流域内必要的污水处理设施，使污水日处理能力不低于 18.5 万米^3 落实《2012—2020 年贝加尔湖保护和贝加尔湖区域社会经济发展规划》中关于完善和发展基础设施建设的措施，以便保护贝加尔湖独特的生态系统	2021 年年底	建设和住房公用事业部、自然资源与生态部、联邦林业署、伊尔库茨克州、后贝加尔边疆区
3	93% 的贝加尔湖区域被国家环境监测网络覆盖	2024 年年底	自然资源与生态部、联邦林业署
4	为贝加尔湖保护措施的实施提供法律、科学和方法论支持	2024 年年底	自然资源与生态部、联邦林业署
5	保护和再生水生生物资源，投放 150 万尾秋白鲑鱼苗和 150 万尾鲟鱼苗	2024 年年底	农业部、联邦渔业署
6	将遭受高度和严重污染、对贝加尔湖造成影响的区域面积减少 448.9 公顷	2024 年年底	自然资源与生态部、联邦林业署
7	建设和改造贝加尔湖及其流域内必要的污水处理设施，使污水日处理能力不低于 35 万米^3，同时，建设总长度不少于 18 千米的工程防护设施	2024 年年底	建设和住房公用事业部、自然资源与生态部、伊尔库茨克州、后贝加尔边疆区

“独特水体保护”项目的工作任务包括六个方面：

一是修复水体生态。到 2021 年年底，修复至少 3 000 公顷水域；到 2024 年年底，修复至少 7 580 公顷水域。

二是改善湖泊和水库的生态环境状况，包括清理河口沙坝、清除水域中漂浮的垃圾等。到 2021 年年底，采取环保措施，清理总面积不少于 7 200 公顷的河流（水库）水域和湖泊；到 2024 年年底，清理面积不少于 15 200 公顷。

三是改善水文网络的生态环境状况。到 2021 年年底，清理河道长度不少于 120 千米，清理湖泊面积不少于 350 公顷；到 2024 年年底，清理河道长度不少于 260 千米，清理湖泊面积不少于 730 公顷。

四是清理湖泊和河流近岸水域与岸边的垃圾。通过开展志愿者活动，清理水体岸线的生活垃圾和木屑，到 2021 年年底，清理岸线长度不少于 4 500 千米，到 2024 年年底，清理岸线长度不少于 9 000 千米。

五是生活在环境条件改善的水体附近的居民数量增加，到 2021 年年底，此类居民数量达 140 万人，2024 年年底达 480 万人。

六是参与水体岸线清理工作的公众数量增加，到 2021 年年底，参与岸线清理工作的公众数量为 240 万人，2024 年年底为 450 万人。

4. 生物多样性保护和林业保护

俄罗斯是世界上生物资源较为丰富的国家之一。涉及该领域工作的项目包括“生物多样性保护和生态旅游发展”“森林保护”两个项目。

“生物多样性保护和生态旅游发展”项目主要任务包括：

一是将自然保护地面积扩大至少 500 公顷。2021 年年底前，通过新建至少 20 个新的自然保护地，将保护地总面积扩大至少 400 万公顷；2024 年年底，通过新建至少 24 个新的自然保护地，将保护地总面积扩大至少 500 万公顷。2021 年年底前，将 15 个保护地的边界信息纳入国家不动产统一登记簿；2024 年年底前，纳入 24 个保护地的边界信息。

二是保护生物多样性，包括重新引入珍稀动物物种。2019 年年底前，完善关于珍稀和濒危动物保护与重新引入的法律基础，通过明确纳入《俄罗斯联邦红皮书》的珍稀和濒危动物物种名录，确定需要优先恢复和重新引入的物种，制定已通过的个别珍稀和濒危动物物种保护战略与规划的落实措施路线图。2021 年年底前，针对需优先恢复和重新引入的珍惜和濒危动物物种，制订保护战略和恢复计划，并制定战略落实措施路线图。2021 年年底前，发起“企业与生物多样性”倡议，旨在对商业机构开展环保宣传，推动与其合作；为商业机构制定生物多样性保护规划提供科技和信息保障；促进非财政资金投入到珍稀物种保护、修复和再引入工作中；保障俄罗斯履行《生物多样性公约》相关义务。2024 年年底前，落实珍稀和濒危动物物种恢复与再引入措施，确保其数量增加。

三是保护地的参观人数增加至少 400 万人次。2019 年年底前，编制关于国家公园生态旅游基础设施建设和促进国内外旅游市场发展的方法、标准和技术文件。2021 年年底前，通过吸引非财政资金，建设和发展国家公园生态旅游基础设施。2024 年年底前，促进国家公园旅游产品的不断发展。

"森林保护"项目主要由俄罗斯自然资源与生态部林业与狩猎业国家政策与调控司、联邦林业署负责实施，相关任务见表 5。

表 5 "森林保护"项目任务表

序号	目标任务	完成期限
1	制定相关法律文件，建立补偿性森林恢复机制，完善将造林用地归为林地的机制	2019 年 3 月
2	通过确定采伐成熟林和过熟林的可能性，建立联邦主体执行机构下属财政支持单位和自治机构的经济可持续机制	2019 年 12 月
3	林木种子储量达 243 吨，以便在所有森林被砍伐和消失的地区重新造林	2021 年 2 月
4	更新关于未被森林覆盖且需要重新造林的土地信息，以及可能的造林方法；对 40% 未被森林覆盖且需要造林的土地开展调研	2021 年 12 月
5	通过利用地方的非财政资金，将人工造林面积增加至少 1.8 万公顷	2021 年 2 月
6	为地方政府部门相关机构配备防止森林火灾的专业设备，满足其需求量的 87%	2021 年 12 月
7	为开展森林再生的机构配备专业的造林设备，满足其需求量的 50%	2021 年 12 月
8	增加再造林的面积，在 25 万公顷非出租林地和 95 万公顷出租林地上提高森林恢复工作的质量和效率	2022 年 2 月
9	为开展森林再生的机构配备专业的造林设备，满足其需求量的 70%	2023 年 12 月
10	增加再造林的面积，在 31 万公顷非出租林地和 124.4 万公顷出租林地上提高森林恢复工作的质量和效率	2024 年 12 月
11	更新关于未被森林覆盖且需要重新造林的土地信息，以及可能的造林方法；对 100% 未被森林覆盖且需要造林的土地开展调研	2024 年 12 月

续表

序号	目标任务	完成期限
12	林木种子储量达 360 吨，以便在所有森林被砍伐和消失的地区重新造林	2024 年 12 月
13	为地方政府部门相关机构配备防止森林火灾的专业设备，满足其需求量的 100%	2024 年 12 月
14	通过利用地方的非财政资金，将人工造林面积增加至少 3.5 万公顷	2024 年 12 月

5. 环保技术

俄罗斯政府目前正在大力发展环保技术，并积极引入国外先进技术。在国家项目“生态”中，“最佳可行技术应用”项目旨在将以最佳可行技术利用为基础的环境管理系统应用于对环境产生重大负面影响的所有项目，主要任务包括：

一是完善相关法律基础。2018 年年底前，制定协调综合环保许可证发放程序的相关文件，出台关于建立大气和水污染物排放自动监控系统的法律文件。2019 年年底前，完善关于最佳可行技术指南编制、更新和应用的法律法规；批准联邦预算补贴规则，以便补偿俄罗斯机构用于支付最佳可行技术应用领域投资项目债券票面收益的部分支出，并对投资项目债券票面收益支出进行补贴的试点项目给予政府支持。

二是为最佳可行技术的应用提供技术指导和支持。2019 年年底前，针对给环境造成不利影响的一类企业和项目，即大气和水污染物排放量占全国总量的 60% 以上，分析其在环境工程设备方面的需求；建立最佳可行技术评估体系和专家团队；更新 7 个最佳可行技术指南。2021 年 12 月底前，更新 23 个最佳可行技术指南。2022 年年底前，确定工业环保政策的基本原则，形成向最佳可行技术过渡的成效评价体系，编制应用最佳可行技术的成本评估方法。2024 年年底前，更新 51 个最佳可行技术指南。

三是发展和应用相关设备，实现向最佳可行技术过渡。2020 年 6 月前，制定发展国产大气和水污染物排放自动监控与计算设备的规划。2023 年年底前，新建、改造环境工程设备。2024 年年底前，编制关于应用国内污水处理技术和设备的建议。2024 年年底前，将环境工程设备投入运行，以便生产企业向最佳可行技术过渡过程中必须使用的产品。

四是实施相关激励和管控制度。2024 年年底前，针对给环境带来重大不利影响的所有项目和工程发放综合环境许可证；落实最佳可行技术应用的政府补贴制度。

（二）特点分析

俄罗斯国家项目“生态”的实施是俄罗斯近期生态环保领域工作重点，明确了俄罗斯生态环保领域工作的重点方向、任务目标和实施期限，其特点主要如下：

1. 项目涵盖领域广，工作重点突出

从项目内容来看，“生态”项目是一个比较综合的大型国家项目，涉及领域和部门都比较广，任务涵盖了生态环保工作的多个方向，包括水体保护、大气污染防治、废物处理、生物多样性保护、生态旅游发展、林业保护、最佳可行技术应用等。从具体任务和投资额度来看，工作的重点包括建设城市固体废物管理体系和废物处理基础设施、推进大气污染物减排和城市大气环境质量改善、开发和应用最佳可行技术等。

2. 任务措施细化，阶段性目标明确

“生态”项目共包括 11 个联邦子项目，除总统令中确定的总体目标和任务指标外，每个子项目下都有明确和具体的任务和措施，且有对应的任务指标，使每项工作有的放矢。如“清洁国家”项目共有 5 项具体任务，“清洁空气”项目有 9 项任务，“伏尔加河修复”项目有 15 项任务等。

此外，针对不同的实施阶段，项目也有不同的任务指标，确保项目能够分阶段推进。例如，针对市内违建垃圾场，2019 年前拟累计取缔 16 个，到 2021 年累计取缔 76 个，到 2024 年累计取缔 191 个；2021 年年底前，通过新建至少 20 个新的自然保护地，将保护地总面积扩大至少 400 万公顷，到 2024 年年底，通过新建至少 24 个新的自然保护地，将保护地总面

积扩大至少 500 万公顷。

3. 部门分工明确，统筹协调性强

“生态”项目的总协调是俄罗斯联邦政府副主席戈尔杰耶夫，总负责是俄罗斯自然资源与生态部部长科贝尔金，副部长赫拉莫夫负责项目管理。这种高层领导负责制从一定程度上体现了俄罗斯对该项目的重视程度，同时，也更利于对各部门进行统筹协调。

项目下 11 个联邦子项目有具体的负责人，如“清洁国家”项目负责人为自然资源与生态部副部长，“清洁空气”项目负责人是联邦自然资源利用监督局副局长，“清洁水”项目负责人为建设与住房公用事业部副部长。子项目下每项具体任务和措施都有明确的落实期限和责任人，针对一些需要多部门共同配合落实的任务，项目里也已注明牵头和配合部门。这样既明确了各部门在项目实施过程中应承担的责任，明确了部门分工，同时，也能提高各部门的工作效率，加强各部门间的配合。

4. 资金支持力度强，来源渠道多样化

项目总预算为 40 410 亿卢布（约合人民币 3 500 亿元），其中，约 17.4% 来源于联邦财政预算，3.3% 来源于地方财政资金，其余 79.3% 主要依靠非政府资金，主要包括企业、国际组织、金融机构等资金，推动社会各界参与项目实施。

四、政策建议

总体来看，俄罗斯对生态环保工作的要求和生态环保战略文件编制等都有自己的特点。通过对其进行研究，结合中俄生态环保合作交流情况，得出以下启示和建议：

一是借助多双边合作平台，结合俄罗斯环保工作重点，拓展合作领域。

经过多年合作，中俄双方正逐步形成中央与地方、官方与民间、双边与多边统筹的良好合作局面。为进一步深化务实合作，应继续发挥中俄总理定期会晤委员会环保合作分委会、中俄生态理事会、中俄博览会等双边合作机制和平台的作用，并在上海合作组织、亚信、金砖国家等多边框架下拓展合作领域。结合俄罗斯近期环保重点工作，可重点推动中俄固废处理、绿色技术、大气污染防治、水体保护、自然保护区建设和生物多样性保护等领域的政策对话与经验技术交流。

二是加强中俄企业合作。

随着俄罗斯对生态环保工作的重视程度和投资力度不断加大，可以预测，俄罗斯未来环保市场将在一系列政策的驱动下不断扩大，应进一步拓宽政府、科研机构及企业之间的环保合作，充分发挥企业和民间合作机制的作用，推动中国环保技术和设备“走出去”，促进环保产业发展。

三是关注俄罗斯生态环保要求，促进中国企业在俄绿色投资与合作。

俄罗斯生态环保战略和项目文件中有一些对企业和投资项目的相关环保要求。当前，俄罗斯部分民众和媒体仍对中国“一带一路”建设带来的环境影响表示担忧和疑虑。因此，我国应高度重视中俄合作和投资项目可能带来的生态环境问题，加强对俄罗斯生态环境标准和政策法规的研究，促进中国企业在俄罗斯的绿色投资与合作。

参考文献

[1] 舒桂 . 俄罗斯联邦新版国家安全战略解读 [J]. 中国信息安全，2016（1）：119-123.

[2] 2017 год экологии в России. http：//ecoyear.ru/.

[3] Государственный доклад «О состоянии и об охране окружающей среды Российской Федерации в 2018 году». – М.：Минприроды России；НИА-Природа. – 2019.

[4] Государственная программа Российской Федерации «Охрана окружающей среды» на 2012-2020 годы. http：//www.mnr.gov.ru/regulatory/detail.php?ID=134258.

[5] Заседание Государственного совета по вопросу об экологическом

развитии Российской Федерации в интересах будущих поколений. http：//www.kremlin.ru/events/president/news/53602.

[6] Послание Президента Федеральному Собранию. http：//www.kremlin.ru/events/president/news/62582.

[7] Стратегия экологической безопасности России до 2025 года. http：//www.mnr.gov.ru/regulatory/detail.php?ID=142854.

[8] Указ Президента РФ от 31 декабря 2015 г. N 683 «О Стратегии национальной безопасности Российской Федерации».

[9] http：//static.government.ru/media/files/7jHqkjTiGwAqKSgZP2LosFTpKo66kEu2.pdf.

俄罗斯生态环保标准体系研究

齐丽晴　王语懿　张光生①

摘　要　生态环保标准是根据实际需要确定的、为解决环保问题、针对不同生产活动及产品采用不同标准的工具。根据2002年俄罗斯联邦《环境保护法》第五章环境保护标准部分，生态环保标准体系包括环境质量标准、允许的环境影响标准以及环境保护领域的国家标准和其他标准型文件。本文对俄罗斯环境保护标准体系做出基本介绍，对俄罗斯大气、水、土壤等环境质量标准进行大致梳理。加强对俄罗斯环境标准体系的研究，可为我国环境保护标准的修订和完善起到经验借鉴作用；此外，加强对俄罗斯水、气、土等环境标准的了解，有助于为我国与俄罗斯在开展跨界监测、跨界工程环境影响评估等合作时进行标准对比提供借鉴。

关键词　生态环保标准；标准体系；俄罗斯经验研究

标准作为辅助性的规范性法律文件，具有“技术法规”的性质，是帮助人们理解一些技术概念、确定认定有关行为的方法，起到辅助人们在调整社会关系时正确使用规范性法律文件的作用。

生态标准化是指对整体环境或者对个别环境要素产生有害影响物质的种类、规模及内容物的判定过程，从而确保其不对人类生命和健康或者其他受法律保护的主体造成伤害。生态标准化是俄罗斯环境保护领域最为复杂、发展最为迅速的一项法律工具。其主要目标是确立对于生物圈影响的允许限值，如此不仅可以保障生态安全及基因库的保存，同时可确保在经济发展不间断的情况下对自然资源的正确利用和对其的有效补充。

① 齐丽晴、王语懿，生态环境部对外合作与交流中心；张光生，江南大学教授。

俄罗斯生态环保标准体系有60余年历史，已形成全套的标准文本。通过制定生态指标从而对自然环境质量进行标准化，并通过对各项生产活动及技术制定指标、定额和要求等标准，从而确保经济生产等活动对自然环境的破坏不超过限度。

一、俄罗斯生态环保标准体系总述

2002年1月10日，俄罗斯总统公布了新的《环境保护法》，它是俄罗斯在环境资源立法方面的最新成果，体现了俄罗斯在环境资源保护和管理方面新的理念、指导思想和价值取向，规定了环境资源保护的基本原则、基本制度，反映了俄罗斯环境资源管理的发展趋势。

俄罗斯《环境保护法》用第五章共11条的篇幅对环境标准的体系内容、适用范围和原则进行了说明，为其环境保护标准赋予了明确的法律地位和作用。

《环境保护法》中对于环境保护标准制度的必要性、包含内容和要求等作出规定如下：

第十九条　环境保护标准制度的基础

（1）实行环境保护标准制度的目的是对经济活动和其他活动的环境影响进行国家调节，保证良好的环境得到保持，生态安全得到保障。

（2）环境保护标准制度包括制定环境质量标准、进行经济活动和其他活动时的环境影响允许标准、其他环境保护标准以及环境保护领域的联邦法规和其他规范性文件。

（3）环境保护方面的标准、联邦法规和规范性文件，基于现代科学技术成果并考虑环境保护领域的国际规范和标准制定、批准和执行。

环境保护标准制度依照俄罗斯联邦政府规定程序实行。

第二十条　制定环境保护标准的要求

制定环境保护标准包括：

对环境保护标准进行科学技术论证；

按照规定程序对环境保护标准进行评估、批准和公布；

确立制定或重新修订环境保护标准的依据；

对环境保护标准的执行和遵守情况进行监督；

建立环境保护标准统一数据信息库并进行管理；

对实施环境保护标准的生态、社会和经济后果进行评估和预测。

根据上述第十九条表述，环境保护领域中主要包括以下标准：环境质量标准、允许的环境影响标准以及环境保护领域的国家标准和其他标准型文件。

关于环境质量标准的制定要求具体如下：

第二十一条　环境质量标准

（1）制定环境质量标准，是为了评估环境状况，以保护自然生态系统和植物、动物及其他生物体的基因库。

（2）环境质量标准包括：

根据环境状况的化学指标制定的标准，包括化学物质（包括放射性物质）最高允许浓度标准；

根据环境状况的物理指标（包括放射性水平和热度指标）制定的标准；

根据环境状况的生物指标（包括作为环境质量指示器的动植物和其他生物体种类和群落）制定的标准，以及微生物最高允许浓度标准；

其他环境质量标准。

（3）在制定环境质量标准时，应当考虑地区和流域的自然特点以及自然客体及自然人文客体、特殊保护地区（包括受特殊保护的自然区域）、具有特殊自然保护价值的自然景观的功能用途。

《环境保护法》第五章第二十二条至第二十八条是对允许的环境影响标准部分做出的具体阐述：

第二十二条　允许的环境影响标准

（1）为了防止经济活动和其他活动对环境的不良影响，对作为自然利用者的法人和自然人制定下列环境影响允许标准：

大气和水体中物质和微生物的允许排放标准；

生产和消费废物的产生标准及其置放限额；

允许的物理影响标准（热量、噪声、振动、电离辐射、电磁场强度及其他物理影响的水平）；

取用自然环境成分的允许标准；

允许的人为环境负荷标准；

俄罗斯联邦法律和俄罗斯联邦各主体法律为保护环境制定的其他进行经济活动和其他活动时允许的环境影响标准。

（2）允许的环境影响标准，应当能保障环境质量标准的达标，并考虑地区和流域的自然特点。

（3）经济活动和其他活动主体超过规定的环境影响允许标准，根据其对环境造成的损害依法承担责任。

第二十三条　大气和水体中物质和微生物的允许排放标准

（1）对环境产生影响的固定、移动和其他影响源的物质和微生物允许排放标准，由经济活动和其他活动主体根据允许的人为环境负荷标准、环境质量标准和工艺技术标准制定。

（2）对环境产生影响的固定、移动和其他影响源的工艺技术标准，根据对经济和社会因素的考量，在采用现有最佳工艺技术的基础上制定。

（3）在物质和微生物允许排放标准不可能得到遵守的情况下，可以根据仅在实施环境保护措施、推广现有最佳工艺技术和（或）实施其他环保方案期间有效的许可证，并考虑物质和微生物允许排放标准的阶段性成果，规定排放限额。

仅在具备经过与实施国家环境保护管理的执行权力机关协商所制定的减少排放计划的情况下，才允许制定排放限额。

（4）在拥有国家环境保护管理领域执行权力机关发放的许可证的前提下，允许在规定的物质和微生物允许排放标准、排放限额的限度内向环境排放化学物质，包括放射性物质和微生物。

要获得大气和水体物质与微生物排放许可，须按照俄罗斯联邦税费立法规定的金额和程序支付国家税。

第二十四条　生产和消费废物的产生标准及其置放限额

（1）为了防止其对环境的不良影响，依法制定生产和消费废物的产生标准及其置放限额。

（2）要获得关于生产和消费废物产生标准及其置放限额的审批文件，须按照俄罗斯联邦税费立法规定的金额和程序支付国家税。

第二十五条　允许的环境物理影响标准

根据允许的人为环境负荷标准和环境质量标准，并考虑其他物理影响源的影响，对每个物理影响源分别制定允许的物理环境影响标准。

第二十六条　允许的取用自然环境构成物标准

（1）允许的取用自然环境构成物标准，即为了保护自然和自然人文客体，保证自然生态系统持续稳定运行和防止其退化，根据数量限制取用自然环境构成物而制定的标准。

（2）允许的取用自然环境构成物标准及其制定办法，由地下资源立法、土地立法、水立法、森林立法、动物界立法和环境保护、自然资源利用领域的其他立法，以及本法、其他联邦法律和俄罗斯联邦在环境保护领域的其他规范性法律文件所规定的关于保护环境、保护和发展各种自然资源的要求制定。

第二十七条　允许的人为环境负荷标准

（1）为了对某一地区和（或）流域范围内的所有固定的、移动的和其他影响源对环境带来的影响进行评估和调节，针对法人和个体经营者制定允许的人为环境负荷标准。

（2）允许的人为环境负荷标准，按经济活动和其他活动对环境影响的不同类别和该地区和（或）流域的所有影响源所带来环境影响的总和分别制定。

（3）制定允许的人为环境负荷标准，应当考虑特定地区和（或）流域的自然特点。

第二十八条　其他环境保护标准

为了对经济活动和其他活动的环境影响进行国家调节、评估环境质量，可以根据本法、其他联邦法律和俄罗斯联邦的其他规范性法律文件及俄罗斯联邦各主体的法律和其他规范性法律文件制定其他环境保护标准。

第二十九条是对环境保护领域的国家标准和其他标准型文件的阐述：

第二十九条　环境保护领域的规范文件、联邦准则和规定

（1）根据环境保护领域的规范文件、联邦准则和规定，进行经济活动和其他活动时必须遵守以下的强制性内容：

对工程、服务及相关监督方式的环境保护要求；

开展对环境产生不良影响的经济活动和其他活动时的限制和条件；

环境保护活动的组织和管理办法；

最佳可行技术的工艺指标。

（2）在制定环境保护领域的规范文件、联邦准则和规定时，应当参考科技成果和国际准则及国际标准的要求。

（3）环保领域的规范文件、联邦准则和规定按照俄罗斯联邦政府规定程序制定。[1]

根据上述分类方法，环境保护领域中包括以下三方面标准，即环境质量标准、允许的环境影响标准和其他标准型文件。而在另一些分类方法中，环境保护标准也可划分为以下三个方向，即卫生标准、生产经营标准及综合标准。

卫生标准包括有害物质（化学、生物）以及物理影响等的最大允许浓度、卫生防护区标准、辐射最大允许水平等。这些标准与具体的污染源没有直接联系，并且不对污染源进行规范。此类标准的目的是为与人类健康有关的环境质量制定指标。

生产经营标准包括大气污染物排放标准、水体污染物排放标准和废物产生标准及处置限制。此类标准是对来自于特定企业的污染源进行直接规范要求，从而将其活动限制在一定的阈值内。

综合标准规定了在不破坏环境的生态功能的情况下，人类活动对生态系统、自然资源负荷的最大允许标准。

此种标准分类模式如图 1 所示。[2]

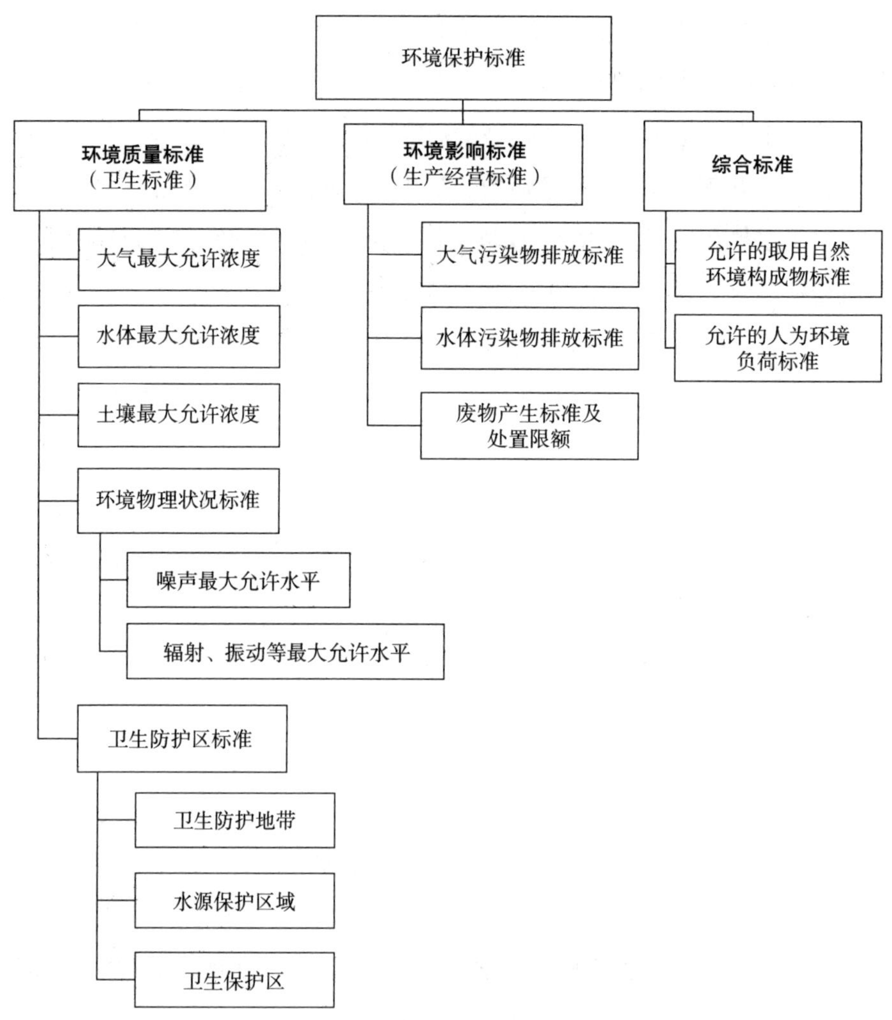

图 1　环境保护领域标准

二、俄罗斯生态环保标准重点领域介绍

如前所述，虽然普遍采用的两种俄罗斯环保标准体系的分类方法对各领域的划分名称不同，但是根据两种方法所包含的内容可以看出，两种划分方法的实质是相同的，主要包括环境质量标准以及允许的环境影响标准，此外还包括卫生防护区、允许的取用自然环境构成物的标准等。下文将对上述领域进行重点介绍。

（一）环境质量标准

环境质量标准是对自然环境（大气层空气、地球臭氧层，地表水、地下水和海水，土壤，动植物等）与生产环境（工作区空气，超声波、工作区电场和电磁场，工作区噪声、温度等）做出的标准。其主要目的是保护在该环境中生存、生产的居民、动植物与生产、服务人员的健康和遗传基因的保存。

为自然环境允许污染程度制定标准是俄罗斯环境保护活动的传统方向。制定环境质量标准要从经济和生态方面的科学合理性出发：过度遵守，会产生巨大财政及物资消耗；遵守力度不够，则会对人类健康和自然环境造成伤害。因此，根据上述原则，环境质量标准应按照不对人类及动植物造成危害的标准制定。负责制定和批准这些标准的国家环境主管部门必须遵守这一规则。

按照现行的环境立法，环境质量标准分为以下两种：有害物质、有害微生物及其他污染环境的微生物的最大允许浓度标准，以及有害物理影响的最大允许程度标准。

环境质量标准有以下功能。首先，为对自然环境造成有害影响的化学、物理、生物因素规定上限值。这些标准也有助于通过利用化学、物理和生物特性来评估空气、水、土壤的状况。根据立法要求制定的环境质量标准是确定环境状态的法律标准之一。水、土壤、空气的状态符合环境质量标准，即状态是良好的，能够证明大自然没有人为负载或者存在高效的环保机制。如果水、土壤、空气的状态不符合环境质量标准，则相反。

在自然资源立法中，针对个别受保护的自然资源制定了规章标准。例如，在标准中规定，水体污染的标准是水质恶化及水温上升，其有机特性变化，产生对人类、动物、鸟类、鱼类、养殖生物的有害物质。这些规则规定了饮用水、生活用水以及渔业用水的成分和性质的一般要求。按照这些要求，规范和评估包括悬浮物、漂浮杂质、气味、口味、颜色、温度、pH、矿物成分、溶解氧存在、生化需氧量、病原体、有毒物质等在内的各项指标。

其次，环境质量标准也用于评估经济生产活动的影响。因为在城市和其他居民点发展过程中，经济生产会对自然环境造成负面影响。在为企业及其他项目设计环保措施时，环境质量标准和其他环保要求可以作为相关设计方案的环保合理性标准。环境质量标准作为参考，构成了企业、交通工具等污染源对自然环境造成化学、物理、生物影响的评判依据。

从环境保护方面的文献中可以看出，有害物质的最大允许浓度标准是卫生标准。事实上，在过去，保护自然免受污染被视为一个卫生问题，而且最大允许浓度标准只是为了保护人类健康免受大气污染或水污染产生的有害影响，因此，这些标准以前是卫生标准。自从在制定最大允许浓度标准时考虑到保护其他自然生物物体的必要性以来，标准就变成了生态标准。比如在大气保护领域，自从 1980 年苏联颁布《大气保护法》，大气保护标准就成为了生态标准。

根据环保立法，环境质量标准在俄罗斯全境是统一的。由于俄罗斯是联邦制国家，联邦各主体又可以根据 2002 年俄罗斯联邦《环境保护法》中的规定制定不低于联邦标准的环境标准。值得注意的是，上述标准都是俄罗斯联邦和联邦各主体环境立法所确认的标准，具有环境法规效力。同时，在制定环境质量标准时，应当考虑地区和流域的自然特点与自然客体及自然人文客体、特殊保护地区（包括受特殊保护的自然区域）以及具有特殊自然保护价值的自然景观的功能用途。例如，考虑到个别地区（保护区、度假区和娱乐区）社会价值的提高，允许制定更严格的环境质量标准，这是保护这些地区和设施的措施之一。此外，俄罗斯境内存在不同的自然和气候区域，植物和动物对同类效应的反应不同，因此也需要对环境质量标准加以区分。

迄今为止，俄罗斯已经制定了大量关于有害物质的最大允许浓度标准和有害影响的安全标准：在大气方面，制定了 500 多种有害物质的最大允许浓度标准和 1 100 多种物质有害影响的安全标准；在饮用水和文化生活用水方面，制定了 1 600 多种有害物质的最大允许浓度标准和 200 多种物质有害影响的安全标准；在土壤方面，制定了100多种有害物质的最大允许浓度标准和70多种允许的浓度标准。

（二）对环境有害影响的最大允许标准

最大允许标准实际上是针对作用于环境的破坏因素所制定的标准，如针对作用于自然环境的工业、居民公共事业、交通、农业、矿产的开采与加工、工业和生活垃圾等制定的标准，以及作用于生产环境的生产工艺、运输、储存利用、工作规程等制定的标准。此类标准包括：有害物质的最大允许排放标准，噪声、振动、磁场和其他有害物理影响的最大允许标准，辐射影响的最大允许标准，农业中农用化学品使用的最大允许标准等。此外还包括废物处理标准。

这些标准确定了对环境产生有害影响的限值。控制向大自然中排放污染物是保护自然的法律手段之一。企业及其他项目在标准规定的范围内产生的环境污染是其合法经营的主要指标之一。违反这些标准是限制、暂停，甚至终止相关业务经营的法律依据。

对环境有害影响的最大允许标准是监管是否遵守环境质量标准的主要工具。值得一提的是，环境质量标准在俄罗斯环保实践中应用已久，比如，关于水方面的标准始于20世纪30年代，关于大气方面的标准始于20世纪50年代。而其相应的对环境有害影响的最大允许标准的出现要更晚一些，例如，对废水排放的监管始于1997年制定的保护地表水免受废水污染的规章，向大气排放污染的标准制定于1980年。也就是说，环境质量标准机制很长一段时间内缺少重要文件。

苏联时期颁布的《环境保护法》针对每种标准确定了制定标准。按照现行的环境有害物质最大允许浓度标准，根据设施的生产能力、诱变效应的存在与否及污染源的其他有害影响，制定了有害物质、有害微生物及污染大气、水和土壤的其他生物物质的最大允许排放标准。

规范对环境有害影响标准的要求适应于所有此类污染源。如果企业中有几种污染源（废气排放管或者废水排放管），那么应根据每种污染源对环境影响的特点制定单独的标准。而对于交通工具而言，应按照不同型号制定不同的标准。

同自然资源使用标准草案一样，对环境有害影响的最大允许标准草案也由自然资源使用者，即企业自身拟定。

根据关于制定及批准向大自然排放有害物质标准、自然资源使用限度、废物处置的规定，由跨界（跨区、跨共和国、跨国）转移污染物而引起远距离环境污染的污染物排放标准由俄罗斯联邦国家生态委员会批准。

（三）自然资源使用标准

自然资源使用标准，即为了保全自然和自然人文客体，保证自然生态系统持续稳定地运行和防止其退化，根据限制取用自然环境构成物的数量制定的标准。自然资源使用标准的制定是为了防止自然资源枯竭，使其自我恢复，并防止自然环境中发生失衡情况。

自然资源使用标准及其制定办法，由地下资源立法、土地立法、水立法、森林立法、动物界立法和环境保护、自然资源利用领域的其他立法，根据本联邦法、其他联邦法律和俄罗斯联邦在环境保护领域的其他规范性法律文件规定的关于保护环境、保护和发展各种自然资源的要求制定。

关于自然资源（如矿物资源）中的不可再生自然资源，这些标准应保障经济和社会方面均合理的使用（开采）制度。

国际科学界制定了确定自然资源长期或永久可持续消费的规则。国际复兴开发银行的经济学家赫尔曼·戴利认为：对于可再生资源（土壤、水、森林、鱼），消费率不应超过再生率（例如，如果捕鱼的速度不超过再生速度，捕鱼可以形成一个平衡可持续模式）。

对于不可再生的资源（化石燃料、优质矿物矿石、地下水），其消耗速度不应超过它们被可再生资源替代的速度（例如，如果开采石油的一部分收入用于系统地研发和生产太阳能集热器或者种植树木，使得在石油消失后会有可再生资源提供等效能源，那么石油开采也会是稳定模式）。

可见，不可再生资源的消费率可以通过其他标准来确定。同时，重要的是，将这种标准转变为具体的自然资源使用标准。

在土地方面，俄罗斯建设和住房公用事业部批准的关于土地划分为公路、铁路、机场、干线管道、填海系统，石油和天然气井，渔业，通信线路和电网等用途的分配规范是对土地使用限制的直接规定。

在水资源方面，《俄罗斯联邦水法》中说明了关于用水的一般性规定。例如，由俄罗斯联邦各主体的特殊授权水资源使用和保护管理机构制定用水限制，并在本联邦主体内执行权力（《俄罗斯联邦水法》第 90 条）。

另外，《俄罗斯联邦水法》第 110 条规定了环境释放的要求和制定地表水不可挽回的流失量上限的标准。为保持符合环境要求的水体状态，应进行水库放水（环境释放），并规定不可挽回的地表水流失量。水法不允许以满足水资源使用者的需要为目的进行环境释放。

在森林方面，允许采伐量是确保森林资源合理和可持续使用的工具之一。根据《俄罗斯联邦森林法》第 62 条的规定，允许采伐量是每个林业管理机构按照不同森林种类（松木、软木、硬木），根据森林存量制定的。

联邦林业管理机构规定用于租赁、无偿使用和有特许权的森林资源由各林区制定允许采伐量。允许采伐量由联邦林业管理机构和联邦主体环保领域授权机构共同批准。

在动植物方面，《联邦动植物法》（第 17 条）规定，在使用和保护动植物资源及其生存环境方面的规定包括：制定动物资源使用对象的限制以及制定动物资源及其生存环境使用和保护的标准、规范和规则。

《土地法》和《地下资源法》中几乎没有为防止土地和地下资源枯竭而限制使用的要求。《土地法》中只规定了土壤污染限制标准。根据《地下资源法》第 35 条的规定，规范矿产资源开采量及主要种类是俄罗斯现阶段及未来调节矿产资源使用关系的任务之一，通过许可制度、核算和监管实现。该法中未规定用于确定拟开采矿产量的任何要求和标准。

1992 年 8 月 3 日，俄罗斯联邦政府批准的决议中阐述的向自然环境排放污染物质生态标准、自然资源使用限制及废物处置标准的制定及批准规定详细明确了自然资源使用标准制定流程。

自然资源使用限制是根据每种自然资源使用情况制定的一段时间内的标准，可以根据技术发展、工艺完善、对此种自然资源需求的改变及其状态变化进行修订。

（四）卫生防护区的标准

俄罗斯在环保实践过程中建立了多种用于保护自然环境免受有害影响的防护区。其中包括：在企业和住宅之间建立的卫生防护区，河流、湖泊、水库的水保护区（保护带），度假村和疗养地的卫生保护区，水源卫生保护区，水体沿岸森林禁区等。除各个防护区特殊制度外，立法中还有规定防护区规模的标准。

卫生防护区是工业企业和最近的住宅或公共建筑之间的间隔区，是为了保护居民不受有害生产因素（噪声、灰尘、有害气体和其他含有工业毒物的有害排放物）影响而建立的。卫生防护区的宽度是按照排放到卫生防护区外的住宅区的工业企业废物不超过有害物质最大允许浓度来计算的。

卫生防护区的规模是按照企业的产能、生产工艺、产生杂质的质量和数量确定的。

按照企业、工业和设施的卫生分类，所有企业都可按照行业及其排放物的特性分组为化学类、冶金类、采矿类等。每组又分 5 个危险级别。例如，在化工行业，氨、硝酸和氮肥生产是 1 级危险，颜料、塑料或树脂生产是 5 级危险。卫生防护区长度由危险等级确定：1 级危险为 1 000 m，2 级危险为 500 m，3 级危险为 300 m，4 级危险为 100 m，5 级危险为 50 m。

卫生防护区不能视为可用于扩大生产范围的储备区，但可以安置比主要生产有害级别低的项目，也可以进行消防作业、建车库和办公楼等。卫生防护区应进行美化和绿化。

（五）俄罗斯生态标准

“生态标准”概念在环境法中有着广泛意义。首先，它包含规定各种生态标准的各种文件标准。环境（水、大气、土壤）中有害物质最大允许浓度标准和对环境有害影响最大允许标准也是生态标准的分支。

标准与产品的生态要求有关。关于新技术、工艺、物质及对环境状态造成有害影响的其他产品的标准中规定了防止对环境、人类身体健康及人类基因库造成危害的要求。生产和消费产品的生态要求应保证产品在生产、存储、运输和使用过程中符合对环境有害影响最大允许标准。

生态标准化是俄罗斯环境保护及自然资源使用法律法规的主要积极发展方向之一。俄罗斯国家标准系统中有大约 50 项生态标准。比如：GOST 17.2.4.02—81《自然保护　大气　确定污染物方法的一般性要求》，GOST 17.1.3.12—86《自然保护　水圈　在陆地油气钻井及开采过程中保护水免受污染的一般性规定》，GOST 17.4.2.03—86《自然保护　土壤　土壤说明书》，GOST 20286—76《放射性污染和去污染　术语和定义》，等等。

如果固定污染源最大允许排放量以标准的形式确定，那汽车尾气中污染物含量则以国家标准形式规定，在 GOST 17.2.203—87《自然保护　大气　测量汽油发动机汽车尾气中一氧化碳和碳氢化合物含量的规范和方法　安全要求》标准中明确。在噪声方面，一系列 GOST 国家标准对噪声影响允许水平做了规定：GOST 17229—78《客机和货机　确定地面噪声水平的方法》，GOST 20444—85《噪声　交通流量　噪声特性的测量方法》，等等。

现阶段，对标准化的主要要求是 1993 年 6 月 10 日颁布的《俄罗斯联邦标准化法》确定的。该法将标准分为俄罗斯联邦的国家标准，国际（区域）标准、规则、规范和建议，行业标准和企业标准。国家标准针对具有跨行业意义的产品、工作和服务。行业标准针对具有行业意义的产品、工作和服务。企业标准由企业自行制定和批准，根据应用需求，对产品、工作和服务的安全要求进行规定，旨在完善生产组织和管理机制。

该法确定了制定标准的标准。按照第 6 条，在标准中规定的要求应基于现今科学、技术、工艺的成就，应基于关于标准化方面的国际（地区）标准、规则、规范和建议，其他国家的先进标准，还应考虑产品使用、完成工作和进行服务的条件，并且不应违反俄罗斯联邦立法中的规章。

关于《俄罗斯联邦标准化法》应反映生态要求有以下规定：如果制定

了国家标准的产品、工作或服务与环境保护相关，则这些标准中应包含其对环境、生命、健康安全方面的要求（第7条）。

国家标准中为保护环境、生命、健康安全方面的要求是强制性的，是国家管理机构和企业实体必须执行的。

产品和服务符合相关国家标准的生态要求可以通过进行环境认证和标记符合国家标准标志的途径确认。

三、环境构成要素及其他物质标准介绍

（一）空气质量

俄罗斯将大气污染物分为以下危险等级：

1级：非常危险；

2级：高度危险；

3级：危险；

4级：轻微危险。

危险等级是衡量大气污染物对人体危害程度的指标。

根据俄罗斯国家标准GOST 12.1.007—1976《有害物质分类　一般安全要求》，有害物质的危险等级根据表1中规范和指标设置。

表1　有害物质分类

指标名称	危险等级规范			
	1级	2级	3级	4级
工作区域内空气有害物质最大允许浓度/（mg/m^3）	<0.1	0.1～1.0	1.1～10.0	>10.0
进入胃中后平均致死剂量/（mg/kg）	<15	15～150	151～5 000	>5 000
接触皮肤后平均致死剂量/（mg/kg）	<100	100～500	501～2 500	>2 500
空气中的平均致死浓度/（mg/m^3）	<500	500～5 000	5 001～50 000	>50 000
吸入中毒概率系数	>300	30～300	3～29	<3
急性毒作用带	<6.0	6.0～18.0	18.1～54.0	>54.0
慢性毒作用带	>10.0	5.0～10.0	2.5～4.9	<2.5

俄罗斯主要大气污染物的最大允许浓度以及中国、美国、欧盟和世界卫生组织的大气质量标准详见表 2。

表 2　大气污染物最大允许浓度　　单位：mg/m^3

污染物	平均时间	俄罗斯	中国①		世界卫生组织	美国	欧盟
			一级	二级			
一氧化碳	15 min	—	—	—	100	—	—
	30 min	5	—	—	60	—	—
	1 h	—	10	10	30	40	—
	8 h	—			10	10	10
	24 h	3	4	4	—	—	—
二氧化氮	30 min	0.2	—	—	—	—	—
	1 h	—	0.2	0.2	0.2	—	0.2 年超标次数不应多于 18 次
	24 h	0.04	0.08	0.08	—	—	0.125 年超标次数不应多于 3 次
	年平均值	—	0.04	0.04	0.04	0.1	0.04
二氧化硫	10 min	—	—	—	0.5	—	—
	30 min	0.5	—	—	—	—	—
	1 h	—	0.15	0.5	—	—	0.350 年超标次数不应多于 24 次
	24 h	0.05	0.05	0.15	0.125	0.365	0.125 年超标次数不应多于 3 次
	年平均值	—	0.02	0.06	0.05	0.08	0.02
苯	30 min	0.3	—	—	—	—	—
	24 h	0.01	—	—	—	—	—
	年平均值	—	—	—	—	—	0.005

① 一级浓度限值适用于自然保护区、风景名胜区和其他需要特殊保护区域等一类区，二级浓度限值适用于居住区、商业交通居民混合区、文化区、工业区和农村地区等二类区。

我国现行大气标准为2016年1月1日在全国实施的《环境空气质量标准》。可以看出，一些大气指标虽然严于欧美等国家，但相较于俄罗斯而言，俄罗斯部分大气标准要严于我国大气标准。

同时，俄罗斯对于大气污染物质最大允许浓度标准也做了以下划分：

单次最大允许浓度（ПДКмр）：在该浓度下暴露于有害物质30 min内，未检测到人体反射性反应（气味、光感）。

日平均最大允许浓度（ПДКсс）：指居民区空气中有害物质的日平均最大允许浓度（mg/m^3），在全天候吸入的情况下，未对人体机体造成直接或间接有害影响。

卫生保护度假区大气污染物质的日平均最大允许浓度标准比一般居民区标准高20%。

工作区域最大允许浓度（ПДКрз）：在该浓度下，每日（休息日除外）工作8小时或其他工作时长（但每周不超过41小时），在当代及后代的工作年限内或者以后的生活中不会引发疾病或健康问题。

工作区域是指工人永久性或临时性工作所在位置上方2 m区域。对于企业区域（工业现场）中的空气，在工作区域内允许有害物质的最大浓度不超过其允许浓度的30%。在此情况下，可以在生产设施外部使用大气来对内部工作区域进行通风。

有关居民区大气污染物最大允许浓度部分参数详见表3。

表3 居民点大气污染物最大允许浓度

编码	污染物名称	最大允许浓度 /（mg/m^3）		危险等级
		单次最大允许浓度	日平均最大允许浓度	
0301	二氧化氮	0.20	0.04	2
0303	氨气	0.2	0.04	4
0330	二氧化硫	0.5	0.05	3
0703	苯并［*a*］芘	—	0.000 001	1
0602	苯	0.3	0.1	2
0110	五氧化二钒	—	0.002	1

续表

编码	污染物名称	最大允许浓度 / (mg/m^3)		危险等级
		单次最大允许浓度	日平均最大允许浓度	
0316	氯化氢（HCl 分子）	0.2	0.1	2
0302	硝酸（HNO_3 分子）	0.4	0.15	2
0322	硫酸（H_2SO_4 分子）	0.3	0.1	2
0328	炭黑（烟油）	0.15	0.05	3
0184	铅及其无机化合物（以铅计）	0.001	0.000 3	1
0333	硫化氢	0.008	—	2
0337	碳氧化物	5	3	4

空气质量是由其是否符合空气质量卫生标准和大气环境质量标准而评定的。环境质量标准由俄罗斯自然资源与生态部制定，卫生标准由俄罗斯联邦消费者权益保护与公益监督局制定。目前，大部分标准以确定最大允许浓度、暴露于大气中某些物质的近似安全水平等形式产生效力。

为规范有害（污染）物质向大气的排放，制定了技术排放标准、最大允许排放量、对大气有害物理影响的最大允许标准及技术排放标准。

技术排放标准是为某些固定排放源以及运输或其他移动方式和设施制定的，具有普遍性。最大允许排放量是针对排入大气的有害（污染）物质及其总量（作为整体）的特定固定来源而设定的。

最大允许排放量标准草案由企业自行制定，考虑到各自特点，通过一系列批准，然后提交给联邦自然资源利用监督局领土机构批准。放射性物质的最大允许排放标准由俄罗斯联邦环境、技术和核监督局属地机构批准。

可凭借授权机构签发的许可证有偿向大气排放污染物。对于固定污染源向大气释放放射性物质的情况，需申请特别许可证以规定放射性物质的最大允许释放量（有效期为 7 年）。

自 2019 年起，国家环境保护（含大气排放）领域的监管措施根据企业所属类别实施应用，该类别根据企业对环境造成的负面影响由国家登记划分。

第Ⅰ类企业有害（污染）物质向大气中的排放是根据综合环境许可标准进行的。第Ⅱ类企业有害（污染）物质的排放是根据提交给授权的国家机构的环境影响声明标准进行的。第Ⅲ类企业无须获得综合环境许可，也无须填报环境影响的声明。从事经济活动或其他活动的主体应向授权的国家机构提交有关向大气排放有害（污染）物质的报告。

为控制大气质量，对大气进行长期监测并进行国家监督。固定大气污染源的法人和个体工商户，有义务对排放进行管控，或者组织环境服务活动，对固定污染源和有害（污染）物质的排放进行清查。法律还规定了保护大气的公共监管。

（二）水质标准

水质标准在于制定水体中的组分和其性质的可允许数值指标，在指标范围内能可靠地保障居民的身体健康、水资源利用的良好条件及水体的生态稳定。

从卫生以及生态的标准来看，可将水体分为三种用水类型：饮用用水、文化和生活用水及渔业用水。

饮用用水指将水体或者其部分作为饮用水或者食品加工业用水的供应来源，属于日常生活饮用水资源利用。根据卫生规范 Сан-Пин 2.1.4.1074-01，饮用水必须在化学成分上无害，在流行病学及辐射方面安全，并且必须具有良好的感官特性。

文化和生活用水指将水体用于居民游泳、体育锻炼和娱乐等活动，属于城市公共日常用水水资源利用。为了城市公共日常生活用水水资源利用而制定的水质标准，适用于当地居民居住地区的所有水域。

渔业用水指将水体用于鱼类及其他水生生物的栖息、繁殖和迁徙，属于渔业水资源利用。

渔业用水分为三大类别：

最高类别：特别珍贵的鱼类及其他渔业水生动物的产卵、喂养和越冬的地点，以及其他任何形式的用于鱼类及其他水生动植物人工养殖的生产保护区。

第一类别：用于保护和再生产对氧气含量具有高度敏感性的珍贵鱼类的水体。

第二类别：用于其他渔业目的的水体。

俄罗斯联邦各州或各共和国内水体的使用类型由自然资源部与生态部、卫生部和联邦渔业署确定，并由当地政府批准。

在出于不同居民和国民经济的需要为水体制定标准时，应针对水体成分和性质提出最严格的标准。

苏联解体后，俄罗斯政府根据社会经济发展需要在苏联标准基础上制定了一系列水质保护标准，包括由俄罗斯卫生部 2002 年 1 月实施的《饮用水 集中式饮用水供水系统水质卫生要求　水质监督卫生防疫规范和标准》、自 2003 年 6 月生效的《家庭饮用水　生活服务水源地化学物质最高容许浓度限值卫生规范》、俄罗斯联邦国家渔业委员会（现为俄罗斯农业部渔业局）于 1999 年发布的《渔业水体用水有害物质最高浓度限值和安全级别清单》等。

在饮用水方面，基于污染饮用水的化合物的毒性对人体不同的危害程度，包括其毒性、蓄积性、产生远期效应的限制指标，饮用水标准对物质进行了危险性分级，即：

01 级：非常危险

02 级：高危险度

03 级：危险

04 级：轻微危险

1998 年，俄罗斯颁布了《生活饮用水和公共日常用水水体中化学物质的最大允许浓度卫生标准》（ГН 2.1.5.689-98），该标准详细规定了 1 343 种化学物质的最大允许浓度。在经历 2003 年、2007 年的补充和修订后，俄罗斯现有水质化学物质监测指标 1 389 项。修订前后对比见表 4。

表 4　俄罗斯《生活饮用水和公共日常用水水体中化学物质的最大允许浓度卫生标准》修订前后对比[3]

单位：mg/L

序号	指标	限值		危险等级	
		修订前	修订后	修订前	修订后
1	苯	0.01	0.001	1	1
2	铜	1	1	3	3
3	钼	0.25	0.07	2	3
4	硝基苯	0.2	0.01	3	1
5	五氯联二苯	0.001	0.000 5	1	1
6	五氯苯酚	0.01	0.009	1	1
7	五氯酚钠	5	0.009	2	1
8	甲苯	0.5	0.024	4	4
9	三硝基甲苯	0.5	0.01	4	2
10	三氯联苯	0.001	0.000 5	1	1
11	铀	0.1	0.015	1	1
12	氯化氰	0.07	0.035	2	2
13	三氯甲烷	0.1	0.06	1	1
14	氰化物	0.035	0.07	2	2
15	乙基苯	0.01	0.002	4	4
16	Cr^{3+}	0.5	总铬：0.05	3	2
17	Cr^{6+}	0.05		3	

我国与跨境水体环境保护相关的标准主要有《地表水环境质量标准》（GB 3838—2002）和《生活饮用水卫生标准》（GB 5749—2006）。表 5 列出了我国《地表水环境质量标准》与俄罗斯《地表水环境保护卫生标准》（СанПиН 2.1.5.980-00）中水质项目比较的结果。

表 5　用于饮用水的地表水水质基本项目与俄罗斯相关水质标准对比[3]

单位：mg/L（除 pH 和温度）

序号	指标	水质指标标准值		比较结果
		我国（Ⅲ类水）	俄罗斯	
1	pH	6 ~ 9	6.5 ~ 8.5	同一量级
2	温度	人为造成的环境水温变化应限制在：周平均最大温升≤1℃，周平均最大温降≤2℃	与过去 10 年气温最热月平均水温相比，夏季污水排放不得使水温超过 3℃	松于我国
3	溶解氧	≥5	任一季节上午 12：00 前取的水样中不应少于 4 mg /L	松于我国
4	COD_{Cr}	≤20	温度 20℃时不应超过 10 mg/L	严于我国
5	BOD_5	≤4	温度 20℃时不应超过 2 mg/L	严于我国
6	铜	≤1.0	≤1.0	相同
7	锌	≤1.0	≤1.0	相同
8	氟化物	≤1.0	0.7 ~ 1.5	松于我国
9	硒	≤0.01	≤0.01	相同
10	砷	≤0.05	0.01	严于我国
11	汞	≤0.000 1	≤0.000 5	松于我国
12	镉	≤0.005	≤0.001	严于我国
13	铬	≤0.05	≤0.5	松于我国
14	铅	≤0.05	≤0.01	严于我国
15	氰化物	≤0.2	≤0.035	严于我国
16	石油类	≤0.05	≤0.3	松于我国
17	硫化物	≤0.2	≤0.003	严于我国

俄罗斯的地表水环境保护卫生标准规定常规监测项目 17 项，其中化学物质指标参照最大允许浓度的相关标准。在常规监测指标中，俄罗斯关于微生物的指标显著多于我国，其中除温度、溶解氧、BOD_5、COD_{Cr} 和大肠菌群 5 项监测指标相同外，俄罗斯还设有病原体、寄生虫卵、耐热大肠菌群、总大肠菌群和大肠菌群噬菌体等监测指标。

此外，我国《地表水环境质量标准》中的24项监测指标有17项与俄罗斯相同，其中有7项指标标准值俄罗斯严于我国，6项指标标准值俄罗斯松于我国，3项指标标准值相同，1项指标标准值处于同一量级（pH）。

通过制定并遵守对水体允许影响标准可以维持地表水和地下水的质量。排入水体的废水中所含物质和微生物的数量不应超过对水体允许影响的既定标准。

俄罗斯联邦水资源署根据水体中化学物质、微生物和其他水质指标的最大允许浓度，制定了向水体排放物质（不包括放射性物质）和微生物的允许影响标准。向水体中排放放射性物质的标准经由俄罗斯联邦环境保护、技术和原子能监督局与其他国家机关协商后批准制定。

（三）土壤质量标准

土壤中有害物质的标准化原理与水体、大气的标准化原理有很大不同，因为污染物是通过与土壤接触的环境（水、空气和植物）而间接进入人体的。

根据俄罗斯国家标准GOST 17.4.1.02-83《化学品分类以控制污染》，进入土壤的物质分为3类危险等级，具体见表6。

表6　废气、废水及废弃物中的化学物质对土壤危害等级

危险等级	化学物
1级	砷、镉、汞、铅、硒、锌、氟、苯并［*a*］芘
2级	硼、钴、镍、钼、铜、锑、铬
3级	钡、钒、钨、锰、锶

土壤中有害物质标准包括：

农业中杀虫剂（农药）含量标准、企业区域有毒物质积累标准、居民区（包括生活垃圾临时存放点）的土壤污染标准。

土壤中污染物的最大允许浓度是指该浓度下，不会对与土壤接触的水、空气以及相应地，对人体健康产生直接或间接负面影响。

该标准由俄罗斯卫生标准 ГН 2.1.7.2041-06《土壤中化学物质的最大允许浓度》批准，其中包含 39 种物质（表 7）。

表 7　土壤中化学物质最大允许浓度

序号	物质名称	最大允许浓度 /（mg/kg）
化合态		
1	苯并［a］芘	0.02
2	汽油	0.1
3	苯	0.3
4	钒	150.0
5	钒 + 锰	100+1 000
6	二甲基苯（1,2- 二甲基苯、1,3- 二甲基苯、1,4- 二甲基苯）	0.3
7	粒状复合肥料	120.0
8	液态复合肥料	80.0
9	锰	1 500
10	甲醛	7.0
11	甲基苯	0.3
12	邻 - 甲基苯乙烯	0.5
13	均三甲苯	0.5
14	均三甲苯 + 邻 - 甲基苯乙烯	0.5
15	砷	2.0
16	硝酸盐（NO_3 含量）	130.0
17	煤炭洗选废弃物	3 000.0
18	汞	2.1
19	铅	32.0
20	铅 + 汞	20.0+1.0
21	硫	160.0
22	硫酸（S 含量）	160.0
23	硫化氢（S 含量）	0.4
24	过磷酸盐（PO_5 含量）	200.0

续表

序号	物质名称	最大允许浓度 /（mg/kg）
25	锑	4.5
26	呋喃 -2- 甲醛	3.0
27	氯化钾（K_2O 含量）	360.0
28	六价铬	0.05
29	乙醛	10
30	苯乙烯	0.1
游离态		
31	钴	5.0
32	锰，0.1NH_2SO_4 回收	
	黑钙土	700.0
	生草—灰化土	
	pH 4.0	300.0
	pH 5.1 ~ 6.0	400.0
	pH ≥ 6.0	500.0
33	铜	3.0
34	镍	4.0
35	铅	6.0
36	氟	2.8
37	三价铬	6.0
38	锌	23.0
水溶态		
39	氟	10.0

（四）固体和危险废物

1998 年 6 月 24 日第 89 号联邦《生产和消费废物法》为处理生产和消费废物制定了法律依据，以防止废物对人类健康和环境的有害影响。

危险废物的程度（类别）根据适用的法律法规确定。根据其对环境的影响程度，废物分为 5 类：

Ⅰ级：极度危险

Ⅱ级：高度危险

Ⅲ级：中度危险

Ⅳ级：低危害

Ⅴ级：无害废物

放射性废物管理受 2011 年 7 月 11 日第 190 号《联邦放射性废物管理特别法》的监管。

收集、运输、处理、利用、中和、放置Ⅰ~Ⅳ类危险废物的活动需获得许可。废物的堆积，即临时贮存废物以在 11 个月后处理、中和、放置或运输，可在废物产生地点进行，无须许可。

目前，俄罗斯正在对废物管理领域的立法进行重大改革。根据俄罗斯总统指示，已采用多项监管法律法规，包括旨在刺激生产和消费废物加工的法规。可以说，俄罗斯终于着手解决生态领域最紧迫的问题之一：废物管理。例如自 2018 年起，禁止掩埋废料和有色金属；自 2019 年起，禁止汽车轮胎外壳、塑料、玻璃包装、包装纸和纸板以及其他类型废纸的掩埋。分阶段推行废物分类，以及为危险品和废物（Ⅰ级和Ⅱ级）的运输引进格洛纳斯卫星系统。

（五）物理辐射

制定此类标准的工作由俄罗斯国家生态委员会和其他执法机构、卫生和流行病监控局、联邦主体的执行机构及地方政府机构共同组织。

鉴于辐射污染产生的社会后果和生态后果，最大限度规范辐射影响最大允许标准具有特殊意义。苏联《环境保护法》第 29 条指出，环境和食品中的放射性物质最大安全含量标准、对居民造成辐射的最大允许标准应按照不给人类身体健康和人类基因库造成危害的数值确定。但同时未明确的是，规定中没有考虑辐射影响对自然中除人以外的其他对象造成的危害。

辐射安全标准按照被辐射人员范围分类：个人（A 类），一部分居民

（B 类），州、边疆区、共和国、国家（C 类），并且为每类被辐射人员制定两级标准：

——基本剂量限制

——符合基本剂量限制的允许标准

不同类别的被辐射人员有单独的辐射允许标准。

A 类人员标准规定：

——通过呼吸系统摄入的放射性核素的最大允许年摄入量

——关键器官中放射性核素的允许含量

——允许的颗粒通量密度

——工作区空气中放射性核素的允许体积活性（浓度）

——皮肤、工装和工作表面的允许污染程度

B 类人员标准规定：

——呼吸和消化器官摄入放射性核素的最大允许年摄入量

——空气和水中放射性核素的允许体积活性（浓度）

——允许的剂量率

——允许的颗粒流功率

——皮肤、衣服和工作表面的允许污染程度

俄罗斯联邦法律《居民辐射安全法》第 9 条中规定辐射安全领域规范应以辐射卫生标准形式制定。

《居民辐射安全法》规定了在俄罗斯境内使用电离辐射源的允许辐射剂量，如下：

——居民年均有效剂量 0.001 Sv 或生命期（70 年）内有效剂量 0.07 Sv；个别年份允许大剂量，前提是近 5 年内平均剂量不超过 0.001 Sv。

——工人年均有效剂量 0.02 Sv 或生命期（50 年）内有效剂量 1 Sv；个别年份允许剂量达到 0.05 Sv，前提是近 5 年内平均剂量不超过 0.02 Sv。

在发生辐射事故的情况下，法律允许在一定时间和一定卫生标准范围内辐射超过制定的主要卫生标准（允许的最大剂量）。

根据具体卫生生态状况，居民健康状态及环境中其他因素对人类产生影响的水平在联邦法律《居民辐射安全法》第 9 条中规定。个别地区的居民辐射允许剂量有可能被俄罗斯政府调低。

辐射安全领域的卫生标准由联邦卫生和流行病监督执行机构批准。

（六）化学品

土壤、水体和空气中化学物质的最大允许浓度的卫生标准由俄联邦消费者权益保护和公益监督局批准制定。空气中化学物质和微生物的最大允许排放标准已作为大气最大允许排放标准的一部分获得批准。废弃物中所含化学物质对环境的影响通过建立废弃物生产和消费的法律制度进行管控。

农业中农用化学品使用标准是俄罗斯环保立法中对环境有害影响标准的新分支。以前，在使用矿物肥料和农药时，使用的标准主要根据生态需求，并没有充分考虑生态因素。《环境保护法》第 30 条规定，在农业中矿物肥料、植物保护产品、生长促进剂和其他农用化学品的最大允许用量应按照保证符合食物中化学残留物最大允许量标准，保证身体健康，保证保护人类、动物、植物基因库的剂量规定。这些规范的草案由俄罗斯农业部机构制定并提交给执法机构与国家卫生和流行病监控局。

此外，1997 年 7 月 19 日第 109 号《农药和农用化学品安全管理法》规定了在农药和农用化学品安全处理出现问题时的处理办法。法律规定，农药、农用化学品登记检验时应进行环境评估，登记检验的结果应当包括国家环境专家的指导意见。

（七）污染修复

根据《土地法》第 13 条第 5 款，导致土地质量恶化（包括污染和干扰）的行为主体必须确保土地恢复（复垦）。土地恢复包括防止土地退化、消除土壤污染的影响、恢复肥力和建立保护性森林种植园等措施。

行为主体需自费恢复被破坏的土地。如果导致土地退化、生态状况恶化等，从而不能进行经济活动，并且无法通过复垦消除这种后果，则允许放弃该土地。行为主体也有义务赔偿土地所有者的损失（包括利润损失）。

至于水体，《俄罗斯联邦水法》第 55 条规定，水体所有人有义务采取措施保护水体，防止水体污染和枯竭，并采取措施消除这些后果。但是，一般来说，损害是由造成损害的人赔偿的。

长期以来，俄罗斯面临的一个特殊问题是消除累积损害的问题。累积损害是指由于过去的经济活动或其他活动对环境造成的损害，而消除损害的义务没有得到履行或没有得到充分履行。2017 年 1 月，俄罗斯才对这些问题进行特别监管。

清理环境累积损害可以由俄罗斯国家政府和地方自治机构进行，在某些情况下，可以由授权的联邦机构进行。[4]

四、总结与政策建议

我国现行的生态环境标准体系由两级五类标准组成，两级为国家级标准和地方级标准，五种标准类别包括环境质量标准、污染物排放标准、环境监测规范（环境监测方法标准、环境标准样品、环境监测技术规范）、管理规范类标准和环境基础类标准（环境基础标准和标准制修订技术规范）等。

截至 2020 年 6 月 30 日，我国现行的国家生态环境标准总数达到 2 140 项。其中包括 17 项环境质量标准、186 项污染物排放（控制）标准两类强制性标准，以及 1 231 项环境监测类标准、42 项环境基础标准、648 项环境管理规范、16 项与应对气候变化相关的标准①。这些标准为评判和监管我国环境质量状况、行业开展生产经营活动等提供量化的指导依据，为推进落实我国依法治污提供了坚实保障。

我国《环境保护法》中涉及环境标准的条款为第十五条和第十六条，两条条款分别对环境质量标准和污染物排放标准做出如下规定：

第十五条规定了环境质量标准，即“国务院环境保护行政主管部门制

① http://www.mee.gov.cn/xxgk2018/xxgk/xxgk15/202006/t20200630_786801.html

定国家环境质量标准。省、自治区、直辖市人民政府对国家环境质量标准中未作规定的项目，可以制定地方环境质量标准；对国家环境质量标准中已作规定的项目，可以制定严于国家环境质量标准的地方环境质量标准。地方环境质量标准应当报国务院环境保护行政主管部门备案。国家鼓励开展环保基准研究”。

第十六条规定了污染物排放标准，即“国务院环境保护主管部门根据国家环境质量标准和国家经济、技术条件，制定国家污染物排放标准。省、自治区、直辖市人民政府对国家污染物排放标准中未作规定的项目，可以制定地方污染物排放标准；对国家污染物排放标准中已作规定的项目，可以制定严于国家污染物排放标准的地方污染物排放标准。地方污染物排放标准应当报国务院环境保护主管部门备案。”[5]

通过与俄罗斯环境标准进行对比分析，提出以下政策建议：

（1）加强对俄罗斯生态环保标准优秀经验的研究，推进我国标准研究与修订工作。通过对俄罗斯在取用自然资源、人为环境负荷等方面标准规范的研究，加强对我国自然资源使用、污染环境修复等方面的标准研究工作，从而对我国环境标准进行有益补充；同时，结合当前科学技术水平及经济发展条件，对环境标准及时进行修订，加强对标准实施效果的预测与评估分析，从而制定科学的排放标准、环境影响评价标准等环境标准管理体系，完善我国环境标准，保证标准的全面性与时效性。

（2）加强俄罗斯生态环保标准体系方面的研究，为中俄环保合作做好技术支撑服务。在中俄总理定期会晤委员会环境保护合作分委会的官方机制框架下，中俄两国官方每年开展跨界水体水质监测，在专家组层面针对跨界工程环境影响进行评估等工作。加强对中俄环境标准的研究对比工作有助于对跨界水体水质监测、环境影响评价结果的差异方面有着更深了解。同时，对于俄罗斯国内环境标准的研究也可助力中资企业在对俄开展投资业务中规避环境风险。以大气、水质标准为例，总体上俄罗斯现有大气、水质标准监测指标和指标限值略严于我国，这也要求中资企业在俄罗斯开展项目时要注意遵守当地环境标准，避免产生环境污染纠纷。

（3）加强中俄生态环保标准方面的政策交流，增进相互了解。中俄民间环保合作依托中俄友好、和平与发展委员会生态理事会机制稳步展开，近年来，双方在大气、水、土、废物处理、工业污染管理等方面交换环保法律法规、技术规范，翻译出版中俄环保法律法规系列书目。未来在生态理事会框架下应继续加强对俄罗斯生态环境标准的研究，为两国相关部门、专家学者、企业等提供参考借鉴。

参考文献

［1］“一带一路”生态环境保护——俄罗斯重要环保法律法规，2017.

［2］Коновалова В.А., Нормирование качества окружающей среды: учебное пособие.

［3］张扬，魏亮，等．俄罗斯水环境管理研究［M］．北京：中国环境出版社，2017.

［4］Environmental protection regulations in Russia. https：//www.lexology.com/library/detail.aspx?g=d26658f2-3f7c-412c-821a-25013ba828cc.

［5］“一带一路”生态环境保护——中国重要环保文件和法律法规，2016.

中国与俄罗斯环境应急管理体系对比研究

安娜·贾尔恒　王语懿　薛亦峰[①]

摘　要　近年来，各类突发性环境事件时有发生，其突然性、不确定性、高危性等特点对生态环境造成较大的破坏，环境应急管理逐渐成为关注的热点。俄罗斯环境应急体系最早可追溯到苏联时期，至今已建立较完整的预防和消除紧急情况的国家体系。本文梳理了俄罗斯环境应急管理体系框架、应急管理部门职责与协作关系及应急管理法律法规，并与中国环境应急管理体系进行对比，从而提出可供借鉴的应急管理经验建议。

关键词　中国；俄罗斯；环境应急；突发环境事件；应急管理体系

近年来，各类突发性环境事件时有发生，对生态环境造成较大的破坏，环境应急管理逐渐成为关注的热点。当前我国重化工行业占国民经济比重较大，工业布局不尽合理，加之自然灾害频发，环境安全形势仍面临较大的挑战，环境应急管理形势严峻。借鉴国外在环境应急管理体系方面的经验和做法具有重要参考意义。

一、俄罗斯应急管理体系概况

俄罗斯环境应急管理体系在2003年发布的总统令《关于建立预防和消除紧急情况的国家统一体系》基础上建立。该体系按照地域行政级别和职能对应急管理工作进行组织和分配，建立了以总统为总指挥、以联邦安全会议为决策中心、应急管理支援和保障体系全面协调执行、各部门和地

① 安娜·贾尔恒、王语懿，生态环境部对外合作与交流中心；薛亦峰，北京市环境保护科学研究院副研究员。

方全面配合、既有分工又相互协调的综合性应急管理体系，框架图见图 1。该体系对保护俄罗斯人民及领土免受突发环境事件的影响做出了不可替代的贡献[1]。

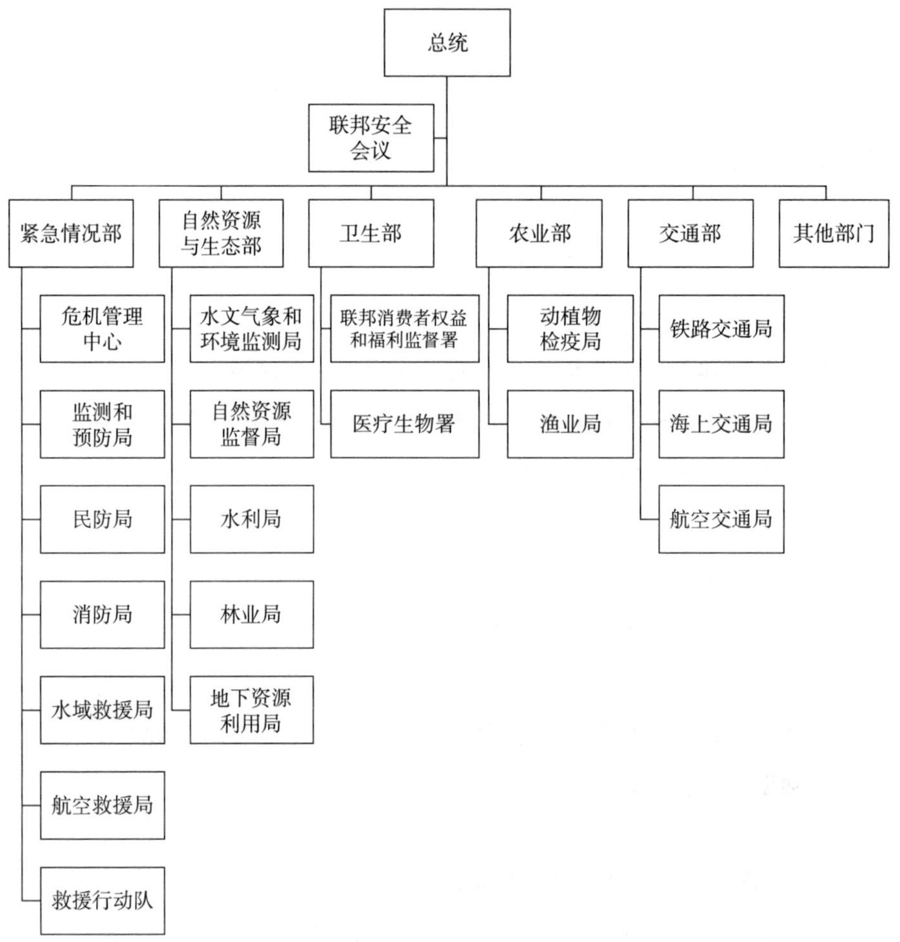

图 1　俄罗斯应急体系框架图

俄罗斯环境应急管理的主要部门及协同关系具体如下：

（1）联邦总统。俄罗斯联邦总统是应急管理体系的总指挥，发生突发环境事故时，为维护社会稳定，俄罗斯总统可以遵照联邦法律宣布全国或某一地区进入紧急状态。总统可行使主持政府会议的权力，听取联邦紧急情况部、联邦自然资源与生态部关于突发环境事件现状、影响以及采取相应应急措施等方面的报告，并对紧急情况做出相应的指示。

（2）紧急情况部。俄罗斯联邦紧急情况部（EMERCOM）是俄罗斯联邦专门应对突发事件的常设管理部门，是俄罗斯处理突发环境事故的组织核心，主要任务是制定和落实突发事故应急政策，实施一系列预防和消除灾害措施等。由于俄罗斯毗邻国家较多，跨界水体突发事件频繁发生，在应对国内突发事件的同时，该部下设的国际合作局与国外相关机构进行突发事件应急领域的合作，目前已与德国、意大利、哈萨克斯坦等国家签订了合作协定。

（3）自然资源与生态部。俄罗斯联邦自然资源与生态部主要任务包括制定自然环境保护和生态安全保障方面的国家政策，并就环境保护及生态安全保障方面的问题协助联邦协调相关部门的工作。其联邦水文气象和环境监测局下的联邦环境应急响应中心是参与突发环境事件应急管理工作的重要部门，为环境应急工作提供技术支持，如提供相关数据、模型运算等（涉及污染物在大气、水体中的运移、扩散和分布等）。

（4）国防部环境部队。俄罗斯联邦武装部队中设有专门的环境部队，以确保环境安全。联邦军事活动造成环境污染的事件屡屡发生，持续的环境污染事件表明环境部队需要切实发挥作用。国防部环境部队已纳入预防和消除紧急情况的统一国家体系，在紧急情况下，联邦武装部队应与紧急情况部的民防部队密切合作。同时，武装部队环境安全领导署制定了《2011—2020年国家武器装备计划》，并在该计划框架内，规定了确保俄罗斯联邦武装部队环境安全的技术手段。

（5）地方环境应急机构。地方环境应急机构主要包括地方政府、地方自然资源与生态部门以及俄罗斯生态警察。生态警察主要职能包括环境监察、环境执法、环境宣传等[2]，主要任务包括：预防生态犯罪和行政违法，为环境保护机关及工作人员的正常活动和安全提供保障，对城市和其他自然保护区实行监管。在环境应急事故发生后，生态警察需及时到达事故发生现场，抢救危害人员，指导群众防护，清理事发现场，甚至对突发环境污染事件有罚款的权力。生态警察还建立了自己的网站，公布生态警察的执法内容、执法依据、处罚权限、罚款数额及投诉程序和电话，加强监督。俄罗斯突发环境事件应急管理组织机构还包括其他各级地方机构和公共服务机构，与上述联邦机构和生态警察相互配合与协作，共同构成俄罗斯环境事件应急体系[2]。

二、俄罗斯应急管理法律法规

俄罗斯对突发环境事故管理的立法工作开展较早，形成了一套较为完善的法律法规体系①（表 1），为环境应急管理提供了法律保障。

表 1　俄罗斯应急管理法律法规

时间	法律名称
1994	《关于保护居民和领土免遭自然和人为灾害法》
1995	《事故救援机构和救援人员地位法》
2001	《俄罗斯联邦紧急状态法》
2003	《关于建立预防和消除紧急情况的国家统一体系》

（一）《关于保护居民和领土免遭自然和人为灾害法》

1994 年俄罗斯颁布了联邦法律——《关于保护居民和领土免遭自然和人为灾害法》。它规定了联邦、区域和地方管理紧急情况的结构和基本体系以及国家预警响应统一体系的组成，也规定了应对紧急情况采取的预防措施，并且确立了紧急情况公众综合通报系统，保障紧急信息自动传达到紧急情况预警响应国家统一体系管理部门。这为紧急情况包括环境紧急情况提供了法律依据。

（二）《事故救援机构和救援人员地位法》

1995 年联邦法律《事故救援机构和救援人员地位法》规定了紧急救援机构、救援单位、救援人员的任务和地位。该法律明确指出救援行动的任

① 俄罗斯的应急管理体系，http：//www.360doc.com/content/18/0430/23/14398649_750107350.shtml.

务之一是保护紧急区域的自然环境。

（三）《俄罗斯联邦紧急状态法》

2001 年联邦法律《俄罗斯联邦紧急状态法》确立了实行紧急状态的法律依据，规定了实行紧急状态的情形，其中明确提出突发环境事件紧急状态。法律规定，在俄罗斯联邦全境或者其个别地区实行紧急状态，必须由俄罗斯联邦总统发布命令。

（四）《关于建立预防和消除紧急情况的国家统一体系》

根据 2003 年发布的总统令《关于建立预防和消除紧急情况的国家统一体系》，俄罗斯建立了统一的预防和消除紧急情况的国家体系。这确立了俄罗斯联邦预防和消除紧急情况的基本准则、任务、职责等。该总统令覆盖到了所有可能出现的紧急情况，为应对联邦紧急情况提供了保障。

三、俄罗斯突发事件应急响应机制

应急响应系统的组成取决于突发事件的规模和指导突发事件消除工作的“俄罗斯紧急状态预防和响应的统一体系”管理机构。从突发事件发生时起，到突发事件消除后结束，需要尽快全面实施响应程序，保障公民与资源的损失降到最低。响应通常以日为周期进行，每个周期包括：收集情况动态信息；情况分析、评估；做出结论、提出建议、决定开展工程；组织各个相关部门协同合作，确保行动能力。

首先是收集情况动态信息。大部分信息来自上级主管部门和其监测机构，但最完整和最通用的数据主要来源于下属的通报。管理机构的部长或负责消除突发事件的主任、副部长及助理收到报告后需充分分析情况。

其次是情况分析和评估。专家们对灾害程度、救援能力、资源需求、实际解决和救援能力进行比较计算，并选择最佳解决方式。之后，相关结论和评价报告上交应急响应机构领导，供其在决策过程中判断和使用。

最后得出结论，开展紧急行动。开展搜索、救援和其他紧急行动的决定是应急响应机制中最基础的环节。应急响应机构的领导负责做出这些决定，并把该决定下达到执行机构，指导组织开展紧急行动。在开展紧急行动时，需要各部协同合作，并要保证每个应急队伍明确工作界线，确定时间、地点和行动程序，避免影响其他应急队伍工作。要保证各个参与行动的部门通过数据系统交换有关事态发展和工作进展。还要确保行动能力，及时给救援队伍提供各方面的保障，例如，勘探保障、交通运输保障、工程保障、道路保障、水文气象保障、技术保障、财务和医疗保障等。

属于目标性的突发事件，由目标应急委员会负责。必要时，作战指挥部门、区域和功能应急委员会也参与这些工作。属于区域性的突发事件，相关的地区应急委员会负责。在特殊情况下，地区应急响应系统还包括俄罗斯紧急情况部和区域紧急情况部门的作战指挥部门。

四、中国与俄罗斯环境应急管理体系对比

（一）环境应急体系结构比较

中俄环境应急体系结构比较详见表 2。

1. 应急体系及地区机构划分

中国、俄罗斯都建立了各自的突发环境事件应急管理体系，但是在职能类别划分上有所差别。中国以“一案三制”为基础，构成了应急管理体系的基本框架，建立了以统一领导、综合协调、分类管理、分级负责、属地管理为主的应急管理体制。中国应急体系地区结构主要分为三级：中央政府、地方政府及应急事故现场。在中央政府的领导下，地方政府按照相应的决定、部署，协调本级人民政府各有关部门和下级人民政府开展突发事件应对工作，在现场设立现场指挥组进行具体的应急指挥工作。俄罗斯则建立了国家统一应急体系，其中地区机构分级划分为五级，包括联邦政府、区域（9 个管区）、地区（85 个地区）、地方、具体单位，该分级系统便于俄罗斯突发环境应急事故的分级管理，对于各级的职责更为具体。

表 2　中国与俄罗斯环境应急体系结构比较

国家		中国	俄罗斯
应急体系		一案三制[①]	国家统一应急体系
应急体系 地区结构		中央政府 地方政府 应急现场	联邦政府 区域（9 个） 地区（85 个） 地方 具体单位
最高权力 所属	名称	国务院	总统
	职责	国务院履行信息汇总和综合协调各部委的职责，发挥运转枢纽作用，监督指挥应急工作	应急管理体系的总指挥，宣布全国或某一地区进入紧急状态，调遣各方面力量消除紧急状态，主持政府会议
协调部门	名称	无	应急委员会
	职责		应急委员实行集体领导，各级别相应部门或单位派代表参加，讨论解决应急问题；协调各方应急力量
	名称	应急管理部	紧急情况部
	职责	编制国家应急预案，指导协调各单位应对突发事件，统筹调度各方力量和物资，进行救援	担任常务管理职责，该部在权力范围内协调联邦部门和各组成实体部门实施应急；负责灾害预测和预报形成统一的信息空间，完善全国紧急情况预防和应对体系；实施专业化救援
救灾指挥 中心	名称	无	国家危机情况管理中心
	职责		紧急情况部下设中心。通过网络通报系统，负责收集、管理和预报灾害信息
环境主管 部门		生态环境部	自然资源与生态部
应急监测		各级环境主管部门	联邦水文气象和环境监测局
应急预警		各地方政府	国家危机情况管理中心
地方应急 机构		地方政府、现场 指挥组、社会团体	地方政府、俄罗斯生态警察、 公共服务机构

① “一案三制”是预案、法制、体制和机制。我国突发事件应急管理工作始于“一案三制”建设，形成一个密不可分的有机整体，共同构成应急管理体系的基本框架。

2. 环境应急管理及通报

在应急管理体制通报过程中，俄罗斯联邦紧急情况部下设“国家危机情况管理中心”，该中心是一个智能型的救灾指挥中心，可进行高效的灾害信息收集管理和预报，建立快速、便捷的网络通报系统，必要时进行跨级通报，以便政府在最快的时间内做出决策，将突发环境事故的影响控制在最小范围。

3. 环境应急管理协调部门

俄罗斯对于环境应急事件的预防和处置是在其应急委员会协调下，由紧急情况部和自然资源与生态部共同进行。2018 年我国设立应急管理部，负责组织编制国家应急总体预案和规划，指导各地区各部门应对突发事件工作，推动应急预案体系建设和预案演练等职责，主要侧重于防灾和救灾工作。生态环境部负责环境应急管理事务。从国内应急管理部门设置来看，各领域应急管理职责分散在各个部门，缺乏上位的、常设的应急指挥部门以协调和组织各部委共同开展应急管理。

4. 突发环境事件应急监测

两国的日常环境管理部门分别为中国生态环境部、俄罗斯自然资源与生态部，负责对环境情况进行监管，实时掌控环境数据，预测并预防突发环境事故。其中俄罗斯自然资源与生态部下设的联邦水文气象和环境监测局负责监测工作，并且建立了相应的环境监测数据库，可实现 24 小时在线处理相关突发环境事件信息，随时提供实时数据，并负责进行模型预算，在突发环境事件下监测污染扩散、污染浓度等相关信息。

（二）环境应急法律法规及应急文件比较

中俄应急管理法律法规及应急文件比较见表 3。

在应急管理法律法规方面，俄罗斯建立了较为健全的突发环境事件应对的法律体系。而中国起步较晚，关于突发事件应急的法律法规中《中华人民共和国突发事件应对法》是中国目前应对突发环境事件的主要法律依据，法律内容涉及较广。

表 3　中国与俄罗斯应急管理法律法规及应急文件比较

	中国	俄罗斯
应急法律法规	《中华人民共和国突发事件应对法》《国家突发公共事件总体应急预案》《国家突发环境事件应急预案》	《关于保护居民和领土免遭自然和人为灾害法》《事故救援机构和救援人员地位法》《俄罗斯联邦紧急状态法》《关于建立预防和消除紧急情况的国家统一体系》《预防和消除紧急情况国家统一体系的力量和手段》
事前	《企业突发环境事件隐患排查和治理工作指南（试行）》《突发环境事件应急管理办法》《国家突发环境事件应急预案》等关于隐患排查、风险评估、应急预案管理的指导文件	《紧急情况部民防监管规范》《紧急情况部自然和人为灾害监管规范》《消防安全监管条例》等预防监管文件，《国家监管的环境污染物清单》《大气层有害气体量化指南》等风险评估文件
事中	《突发环境事件信息报告办法》《突发环境事件应急监测技术规范》等应急处置规范	《紧急情况部公务人员行为准则》《紧急情况部行动人员在居民点、生产点、基础设开展消防工作的行政条例》等应急处置文件
事后	《突发环境事件调查处理办法》《生态环境损害鉴定评估技术指南　总纲》《污染场地土壤修复技术导则》等后期的调查处理、损害评估赔偿以及污染修复文件	《紧急情况部行动人员开展楼房、设施重建工作的行政条例》等灾后重建文件

关于突发环境事件事前、事中、事后的规范与管理办法文件中，俄罗斯比较注重突发环境事件的预防监管工作。根据中国相关突发环境应急指导文件[4]，中国在事故前的预防、事故中的应对和事故后的恢复都出台了规定，但比较侧重突发环境事故后的调查处理、评估赔偿及污染修复等方面。

五、结论与建议

2020 年陆续出现了新冠肺炎突发卫生公共事件和伊春尾矿库泄漏突发环境事件，应急管理工作再次引发广泛关注。从上述事件可以看出，我国在法律上有《中华人民共和国传染病防治法》和《中华人民共和国突发事件应对法》作为支撑，预警监测上有疫情直报系统，这对突发事件处置起到重要作用。但仍有进一步完善的空间，例如，法律方面还缺乏细分到灾难、公共卫生、社会安全、环境等事务的法律；事故处置方面，缺少常设和统一的突发事件应对协调部门等。结合俄罗斯在应急管理方面的经验，提出以下建议：

一是提高对应急管理的认识，逐步建立高效灵活的应急管理体系。我国应急管理体系中缺乏统一调度和协调各部委的管理机构。目前的应急管理大多是突发事件发生后根据实际需要，设立国家突发事件应急指挥机构，负责突发事件应对工作；必要时，国务院派出工作组指导有关工作。对此，可借鉴俄罗斯经验自上而下建立一个多层级协调联动的应急管理体系。可在中央和国家层面上建立常设和统一的应急委员会或指挥中心，调度和协调各部委在突发事故中的职责和作用，提高应急效率。并在各个层级应急管理机构建立信息共享和披露制度，同时各部门之间定期进行应急演练，加强应急处理能力和预警监测监管。

二是建立健全应急管理法律体系，贯彻法制原则。目前我国应对突发环境事件的主要法律依据是《中华人民共和国突发事件应对法》，建议在此基础上进一步立法，细分灾难、公共卫生、社会安全、环境等事务预防和应对，提高针对性。逐步完善突发事件应对的事前预防与预警、事中处置与救援、事后恢复与重建等具体问题，建立健全突发环境事件法律体系。

三是重视突发环境事件的预防准备机制建设，建立快速便捷的信息通报系统。近年来，我国相继出台了针对突发环境事故不同阶段的法律文件、指南、工作导则。相较于俄罗斯，中国更侧重于突发环境事故事后调查处理、评估赔偿及污染修复等方面。我国可借鉴俄罗斯对突发事件的预防监管工作方面的经验，出台相应的部门规范；设立智能型的环境救灾指挥中心，高效进行灾害信息收集管理和预报，重视与邻国突发环境事件预警体系建设，改进信息发布机制，建立快速、便捷的网络通报系统；建立紧急情况及污染信息数据库，并充分利用 SWAT、MIKE 等水文水质模型，来预测和处置突发环境事件。

四是加强与其他国家的应急合作，共同处理突发环境事故。中国应加强与俄罗斯在环境应急方面的合作，继续开展跨界水体水质联合监测，统一监测方法和检验标准，交换环境应急法律法规文件，互相借鉴学习；继续按照《中华人民共和国生态环境部和俄罗斯联邦自然资源与生态部关于建立跨界突发环境事件通报和信息交换机制的备忘录》，加强环境应急演练和学术交流。

参考文献

［1］邓云峰，迟娜娜．俄罗斯国家应急救援政策及相关法律法规［J］．中国职业安全卫生管理体系认证，2004（6）：27-29.

［2］罗楠，何珺，张丽萍，等．俄罗斯环境应急管理体系介绍［J］．世界环境，2017.

［3］吴娜．浅谈突发环境事件应急管理现状及建议［J］．广东化工，2019（11）.

［4］王鲲鹏，曹国志，贾倩，等．我国政府突发环境事件应急预案管理现状及问题［J］．环境保护科学，2015（4）：10-13.

俄罗斯应对气候变化政策与措施研究

安娜　李菲　王语懿　张玉虎[①]

摘　要　俄罗斯在《联合国气候变化框架公约》《京都议定书》等公约下扮演着重要的角色。2019年，俄罗斯宣布加入《巴黎协定》，这为未来全球气候合作带来新的影响因素。本文梳理俄罗斯气候变化趋势，分析其脆弱性及关键影响风险；介绍俄罗斯应对气候变化政策框架，包括经济发展形势、自主贡献目标、气候治理框架；梳理俄罗斯减缓和适应气候变化的政策措施，包括温室气体低排放发展政策措施、气候适应型发展政策措施；总结俄罗斯履行气候变化国际公约和应对气候变化国际合作情况，为中国与俄罗斯开展气候合作提供政策建议。

关键词　应对气候变化；自主贡献目标；气候适应；气候合作

一、气候变化状况

（一）气候特征和气候变化趋势

俄罗斯自北向南为北极荒漠、冻土地带、草原地带、森林冻土地带、森林地带、森林草原地带、草原地带和半荒漠地带。俄罗斯气候复杂多样，拥有多种气候带，以温带大陆性气候为主，但北极圈以北属于寒带气候。根据大陆性程度的不同，俄罗斯的气候可以叶尼塞河为界分为东西两部分，西部属于温和的大陆性气候，西伯利亚属强烈的大陆性气候，西北部沿海地区具有海洋性气候特征；远东太平洋沿岸则属季风性气候。

① 安娜·贾尔恒、李菲、王语懿，生态环境部对外合作与交流中心；张玉虎，首都师范大学副教授。

俄罗斯的年平均降水量为530毫米，山区的降水量相对较多，平原降水较少。冬季，俄罗斯全境普遍降雪，积雪期和积雪的厚度随纬度的不同而变化。

近百年来，俄罗斯呈现明显的气候变暖趋势，特别是1970年以来俄罗斯的气候变暖趋势较全球更为明显（图1）。1972—2018年，俄罗斯的气温每10年平均升高0.47℃，远高于全球升温水平（每10年平均升温0.17～0.18℃）。冬季和春季的气温上升更为明显，乌拉尔山东部地区升温尤为强烈。北极地区的平均温度在过去几十年里是全球平均变暖速率的2倍。2018年，俄罗斯年平均气温升高1.58℃，根据报道，2018年俄罗斯北极地区的年平均气温高出正常温度2.48℃。根据全球气候与生态研究所的资料显示，近40年来俄罗斯北极地区的升温速度比全球升温速度快4倍。

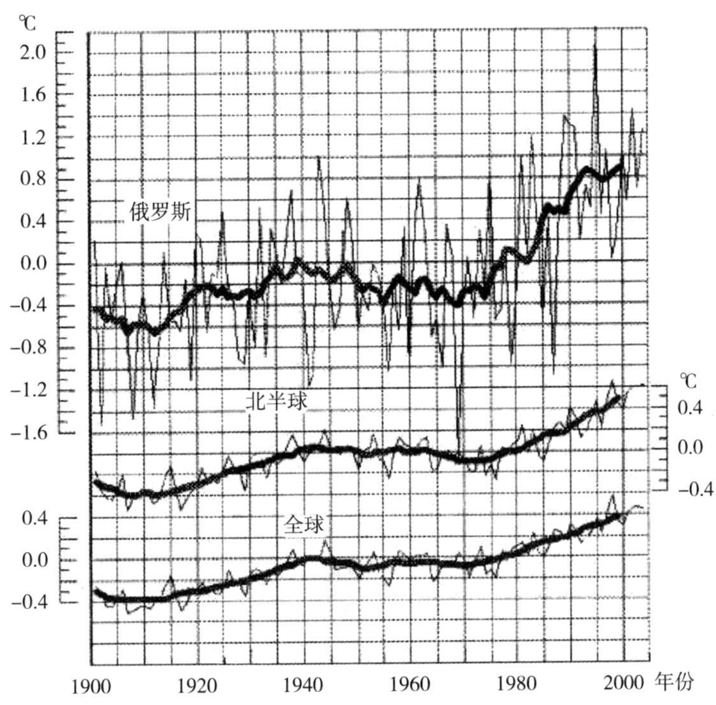

图1　近百年俄罗斯、北半球和全球平均地面温度变化情况

（资料来源：《气候变化应对战略之国别研究》）

按照新一代全球大气海洋环流集合模型（AOGCMS，图 2）的高、中和低排放情景，未来俄罗斯气候将持续变暖，暖化速率依赖于大气中温室气体浓度增加趋势。

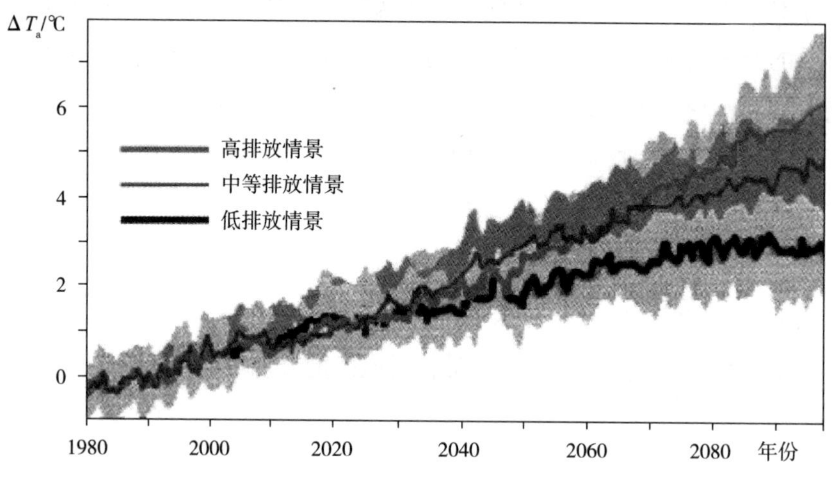

图 2　AOGCMS 集合模型对俄罗斯 21 世纪近地面温度异常的模拟

（资料来源：《气候变化应对战略之国别研究》）

（二）脆弱性及关键影响风险

根据 1991—2005 年灾害性水文气象事件造成的社会和经济损失统计数据，俄罗斯由灾害性水文事件带来的损失每年达 300 亿 ~ 600 亿卢布。俄罗斯的灾害性水文事件几乎天天发生，如 2004 年和 2005 年分别发生了 311 次和 361 次的灾害性水文气象事件（图 3）。许多灾害性水文气象事件按每年 6.3% 左右的速率增长，这一趋势还将持续下去。在北高加索和伏尔加维亚特卡经济区、萨卡琳、克麦罗沃、乌尔亚诺夫斯克、奔萨、依凡诺伏、利佩茨克、别尔哥罗特、加里宁格勒地区和鞑靼共和国，各种灾害性水文气象事件最为频繁。70% 以上的灾害性水文气象事件发生在温暖时期（4—10 月，图 4），在此期间，灾害性水文气象事件的增长趋势最为突出。

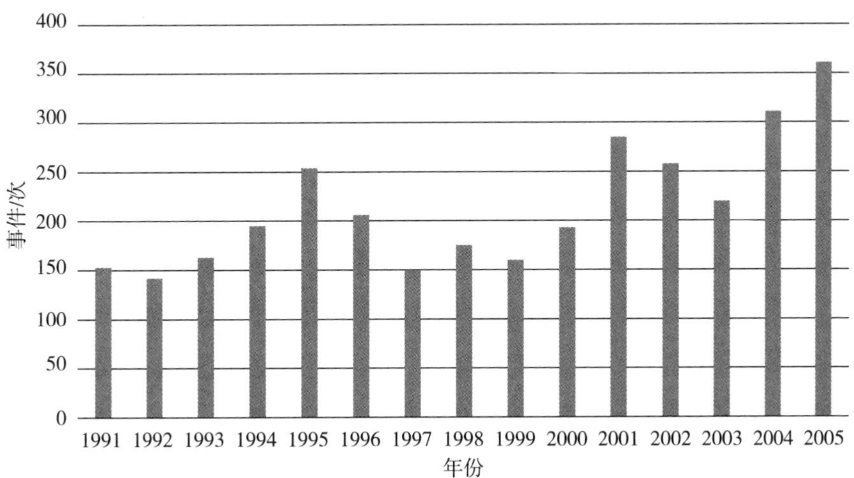

图 3　1901—2005 年俄罗斯灾害性水文气象事件总数

（资料来源：RIHMI—WDC 资料）

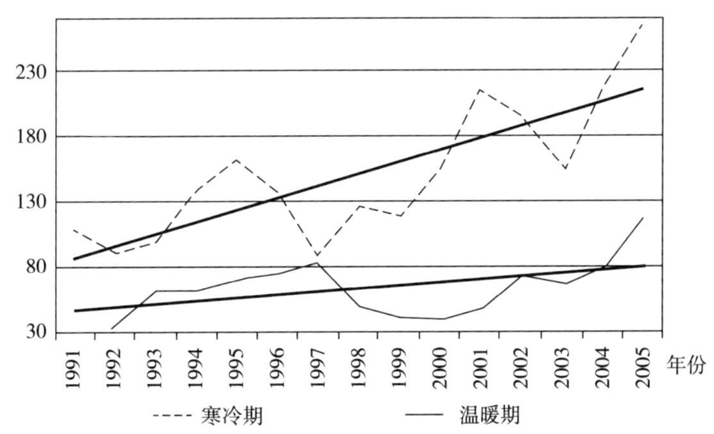

图 4　1901—2005 年俄罗斯灾害性水文气象事件总数

注：11 月—翌年 3 月为寒冷期，4—10 月为温暖期。

资料来源：RIHMI—WDC 资料。

未来，俄罗斯气候变化将面临更加严峻的挑战。具体体现在以下几个方面：

第一，气候灾害发生频率增加。俄罗斯灾害性水文气象事件预测分析表明，不可预测的灾害性水文气象事件中，大部分以上是发生在较小地域，属于难以预测的对流事件（大风、雨、雹等）。对于俄罗斯来说，气候变暖引发的最为严重的问题与洪涝灾害相关。按年均经济损失总额计算，河流洪水造成的灾害跃居榜首（与洪灾相关的直接经济损失占各类水文气象灾害事件总额的 50%）。

第二，大范围积雪减少。未来 5 ~ 10 年里，俄罗斯冬季末期的大范围积雪面积总体上会减少，尽管在有些地区这一变化不明显。与长期平均值相比，俄罗斯欧洲部分的大部分地区和西西伯利亚南部地区的积雪面积将逐步减少，未来还可能继续下降。对俄罗斯西伯利亚和远东地区，积雪预计将上升 2% ~ 4%；由于气温和降水的变化，在中央区和伏尔加联邦区及东北联邦区的西南地区，河流的年径流变化最为显著；与目前记录相比，冬季和夏季径流量将分别增加 60% ~ 90% 和 20% ~ 50%；在其他联邦区，河川径流将预计增加 5% ~ 40%。同时，在黑土地区和南西伯利亚联邦区，春季河川径流将减少 10% ~ 20%。

第三，火灾及火灾风险日数增加。在大多数地区，火灾日的数量将增加。在汉特曼西斯克民族自治区南部，库尔干、鄂木斯克、新西伯利亚、克麦罗沃和托木斯克地区、克拉斯诺亚尔斯克和阿尔泰边疆区、萨哈—雅库特共和国，大多数火灾情势的时期将会增加。

第四，对电力与能源、住房与公用设施、公共卫生的影响。大部分地区因低温期缩短，风荷载和风驱动力潜能降低，有利于减轻电力线路和高层大厦的风力荷载（相对于气流负载），但严重限制了这些地区风力发电机的运转和进一步发展；西北部及高山地区，风荷载和风驱动力潜能增大，可能增加电力事故，导致建筑物造价变得昂贵，但有利于风力发电资源潜力的开发。气候变暖使季节性河川径流增大，导致大型水库的入库水量增加，有利于水力发电工业的发展，也对水库附近带来不利影响，包括：洪水泛滥和水位上涨影响村落；扩大下游冰间湖，库岸气候条件随之恶化，融冰碎块增多；冰间湖下游碎冰堵塞，并导致水库中冰的破裂等，流入水库的水量会发生变化。气候变暖还会影响建筑物安全、缩短使用寿命及增加维修费用。在秋冬和冬春时期，一些地区（俄罗斯欧洲部分及海疆等）由于融冻频率的提高，建筑物面临运行条件的退化和使用寿命缩短的风险。

第五，改变环境舒适度，影响公众健康。在北部地区，不舒适环境带预计北移，在北部偏远地区南部边界附近居民的环境不舒适度将会减弱；差不多整个俄罗斯境内，高气温日数将会增加，将最可能出现极长的临界气温，尤其在大城市，能反过来影响市民的健康。

第六，水资源管理和水短缺。在未来 5 ~ 10 年内，在别尔哥罗德库尔斯克地区、斯塔夫罗波尔边区以及卡尔梅克亚，低水年的频率将会增加，从而减少公共供水。这可引起严重缺水，需要严格监管和限制水的消费，并考虑额外的供水来源。在这些地区，缺水成为经济和公共福利增长的阻碍。在阿尔泰边区以及克麦罗沃地区、新西伯利亚、鄂木斯克和托木斯克地区枯水期面临着严重的缺水问题。虽然水资源减少不会导致这里供水的降低和水资源的高负载，但是在未来与水有关的问题都可能变得相当严峻。

第七，内河航运预期受阻。几乎所有俄罗斯大江大河的年径流和枯水期径流量预计将进一步增加，冻结期将缩短，这将有助于发展内河航运业，刺激河流和水体的交通货运事业。一方面，这些变化可以充分地延长内河航行期限；另一方面，冬季汽车沿大江河冻结河段运送货物到难以抵达的地区的时间缩短和运送能力降低。

第八，北极地区经济发展。俄罗斯北极地区的主要经济行业包括石油和天然气工业、矿产资源业及运输业。许多领土被苔原和森林覆盖，因此，农业以养鹿和渔业为主。俄罗斯北极南部针叶林带的个别地区发展森林工业。近年来，俄罗斯北极地区的经济正受气候变暖的直接影响和间接影响。

二、应对气候变化政策

（一）经济发展形势

温室气体排放问题根本上是一个发展问题，与经济发展水平、发展阶段、发展方式密切相关。根据世界银行（WB）数据，俄罗斯人均国内生产总值（人均 GDP）超过 9 000 美元，为中等偏上收入国家。从经济增速看，2008 年全球金融危机后世界经济就进入了低增长，由于受到美欧经济制裁，俄罗斯经济增长缓慢。从城市化水平看，俄罗斯城市化率超过 70%，基本完成城市化。

2018 年 5 月，俄罗斯总统签署《关于俄罗斯到 2024 年前国家战略发展任务和目标》总统令，确定了 2024 年前俄罗斯在教育、科学、数字经济等 12 个领域国家发展目标和战略任务。根据这份总统令，在经济发展方面，俄罗斯致力于使经济增长要超过全球平均增长水平，六年内要在加工工业和农工业综合体等基础产业领域形成以高新技术为依托的高效出口导向型部门，加速数字技术在经济和社会领域的应用，确保俄罗斯进入世界前五大经济体之列；在改善民生方面，俄罗斯将推动贫困人口减半，增加居民实际收入，改善至少 500 万户民众的居住条件；在科技创新方面，将加大世界领先科研基础设施的建设，建设至少 15 所旨在加强高等教育机构与科研机构对接的科学教育中心，实现前沿科技研究水平应跻身世界前五；在教育发展方面，加强俄罗斯教育的全球竞争力，保证其进入全球前十名；在区域协调发展方面，推动西伯利亚和远东开发是俄罗斯“向东看”的战略举措。俄罗斯虽然一直被视为欧洲国家，但其 77% 的领土位于亚洲，西伯利亚和远东地区的广阔地域蕴藏着丰富的油气、煤炭、森林、水力等资源，发展潜力巨大。2009 年，时任总理普京签署联邦政府令批准《2025 年前远东和贝加尔地区经济社会发展战略》，将远东和贝加尔地区纳入国家长期发展战略，加快俄罗斯融入亚太地区经济空间的步伐。近年来，俄罗斯多措并举推进西伯利亚和远东跨越发展。

（二）自主贡献目标

俄罗斯易受气候变化不利影响，是全球气候治理的重要参与方，在全球气候治理进程中扮演着重要角色。俄罗斯为《联合国气候变化框架公约》附件一缔约方（正朝着市场经济过渡的国家）。2004 年，俄罗斯加入《京都议定书》，使得其达到生效条件；而在第二个承诺期，由于不愿承担更多的减排义务，俄罗斯退出《京都议定书》。

“国家自主贡献”（Nationally Determined Contributions，NDCs）是根据《联合国气候变化框架公约》缔约方会议的要求，由各国自主提出的2020年后应对气候变化行动计划。进一步明确2020年后，以“自下而上”的“国家自主贡献”模式应对气候变化挑战。俄罗斯已向《联合国气候变化框架公约》秘书处提交了国家自主贡献文件。俄罗斯明确到2020年将温室气体排放量限制在1990年水平的75%以上，也就是较1990年减少至少25%。俄罗斯在国家自主贡献中提出，到2030年将全经济领域温室气体排放量控制到1990年水平的70%~75%，是在减少25%的基础上进一步强化了力度，减少上限可到30%。虽然这个力度总体上并不大，但俄罗斯认为符合有助于将温升控制在2℃的全球目标。

（三）气候治理框架

俄罗斯气候变化治理框架见表1。

表1　俄罗斯气候变化治理框架

国家	机构	法律政策
俄罗斯	俄罗斯联邦部门间气候变化问题委员会 自然资源与生态部	《俄罗斯联邦气候学说》 《〈俄罗斯联邦气候学说〉2020年前落实综合计划》

1. 将气候变化因素纳入经济发展规划

俄罗斯疆域辽阔，东西横越欧亚大陆，南北纵跨三个气候带，气候变化具有明显的区域特征。俄罗斯在确定与气候变化相关的环境与经济社会发展规划时着重考虑以下因素：对每个联邦实体，在考虑气候变化的战略时，要充分考虑气候变化的影响；识别确定承受突发不利天气和气候最多的经济部门；改善国家灾害水文气象事件预警系统；预测灾害水文气象事件的变化。

2. 将应对措施融入国家行动

及时采取适应措施，使经济和生产避免不良气候变化带来的负面影响，尽可能减少由灾害性水文气象事件和不良气候变化造成的损失，并利用气候变化提高提高生产效率。将气候变化预测的结论和建议贯彻到国家行动中去，如就灾害性天气和极端气候事件威胁采取了具有针对性的水文安全行动。

面对较之全球更为明显的气候变暖趋势，俄罗斯着力实施应对策略和制订应对气候变化的长远计划。1997 年 5 月，俄罗斯政府颁布第 552 号法令，批准组建俄罗斯联邦部门间气候变化问题委员会。2009 年年底，俄罗斯总统批准了由俄罗斯自然资源部和科学院联合制定的气候政策纲领性文件——《俄罗斯联邦气候学说》（以下简称《气候学说》），确立了应对气候变化的目标、原则、实施途径等。《气候学说》提出俄联邦在气候领域的主要目标包括：实施国家气候技术装备计划，建立气候变化观测系统；建立创新项目实施过程的经济、社会和生态综合评估机制。《气候学说》明确的主要任务包括：加强气候变化的基础和应用研究，全面增强科技潜能；确保获取气候状况、人类活动对气候影响、未来气候变化及其后果等的准确、完整信息。俄罗斯联邦将采取长期措施，抑制人类活动对气候的影响，适应未来气候变化；调整国家经济结构，建立自然资源合理利用和节能机制，扩大可再生资源供给，更有效地发挥自然资源系统功能。

2011 年，俄罗斯政府公布《〈俄罗斯联邦气候学说〉2020 年前落实综合计划》，明确了应对气候变化的 31 项措施及其责任部门和进度安排。俄罗斯经济发展部在制定的《俄罗斯联邦 2011—2020 年长期宏观经济预测》中，增添气候标准、人类活动对环境的影响及适应环境改变等相关的补充条款；俄罗斯自然资源与生态部对各地区、部门制定符合各自需要的专门的计算和评估方案，以此加强对气候变化的研究；俄罗斯卫生与社会发展部研究和气候变化相关的传染疾病及寄生虫病的预防和治疗手段；俄罗斯联邦林业署进一步对森林和泥炭沼泽进行研究；俄罗斯地区发展部为应对俄罗斯永久冻土带南部边缘向北推进的趋势，加大相关的基础设施建设力度；俄罗斯农业部负责农产品科研；俄罗斯联邦水文气象监督局重点加强对世界大洋降水的统计和分析；俄罗斯运输部在 2015 年以前研究出降低民用航空二氧化碳排放的办法。此外，实施计划准备大力推广混合动力汽车的使用，进一步落实2010年制定的国家提高能效法案，修建更多用于示范的节能型住宅等。

为实施《气候学说》，2013年9月俄罗斯发布第752号总统令，明确了应对气候变化目标：到2020年，温室气体排放量减少到1990年的75%，并按部门制定减少温室气体排放的指标。2018年1月，俄罗斯加快推动建立温室气体排放报告制度。

三、减缓和适应气候变化措施

（一）减少温室气体低排放措施

1. 推进能源低碳变革

俄罗斯联邦在《俄罗斯联邦气候学说》中提出，为最大限度地减少温室气体的人为排放，并增加对其吸收，将采取措施确保：提高所有经济部门的能源效率；开发利用可再生能源和替代能源；减少市场失衡，实施促进减少人为温室气体排放的财政和税收政策；可持续森林管理，植树造林和可持续再造林。

《〈俄罗斯联邦气候学说〉2020年前落实综合计划》提出要宣传有关节约能源，提高能源效率和使用可再生能源的知识，并将其作为解决人为影响气候问题的方法之一。同时，限制能源效率设备的排放，包括：根据俄罗斯联邦关于节约能源的立法，按能效等级标识产品；实施限制能源消耗品和低能效产品的生产和周转的措施；采用节能照明并建立照明设备要求。俄罗斯联邦政府于2014年5月4日第321号法令批准的俄罗斯联邦"能源效率和能源开发"国家计划框架内，正在实施"信息支持和促进节能和能源效率"活动，旨在支持节能和能源效率领域的国家信息系统。根据俄罗斯能源部发布通告，截至2018年，用于建设以可再生能源为基础的发电设施投资项目达39个，装机为1041.5兆瓦，其中太阳能发电853.3兆瓦，风力发电148.5兆瓦，小水电发电39.7兆瓦。俄罗斯联邦国家原子能公司的报告显示，俄罗斯核能发电占俄罗斯电力产量的19%。俄罗斯国营公司开发并启动了各种容量的燃气轮机组的系列化实施，其电效率达到35%，热电联产循环的燃料利用率达到77%；已开发出一种移动能源综合体，以显著减少向大气排放的温室气体量；计划在试点地区实施项目，以创建以生产液化天然气和消费基础设施；掌握功率高达400千瓦的卡车用气体活塞发动机的生产；利用压缩天然气和液化天然气作为燃料，开展了大规模生产卡车和工业设备的工作。

2. 促进产业低碳转型

《〈俄罗斯联邦气候学说〉2020年前落实综合计划》强调限制工业和能源的温室气体排放，包括：使用可再生能源产生热能和电能，核能创新技术的引入，提高热源技术利用，制定和实施用于收集和处置二氧化碳的能源领域设施的建设和试运行的试点项目，限制和减少天然气生产、运输和分配过程中的甲烷排放，开发和实施处理含甲烷排放的创新技术，实施高炉现代化，提高现有水泥生产技术能效。根据俄罗斯工业与贸易部报告，截至2018年，热力水泥厂和碳水化合物水泥技术现代化完成，温室气体排放量大幅下降。

3. 打造低碳交通体系

限制运输部门温室气体排放的措施包括：提高车辆的燃油效率，在2016年7月12日俄罗斯联邦政府法令第667号“关于批准联邦预算给予使用天然气作为汽车燃料的设备制造商的补贴规则”的框架内，给予以压缩天然气为燃料的市政车辆和乘用车购置补贴；增加混合动力汽车的产量；制定一套使用替代燃料车辆的措施，包括气体燃料和氢燃料电池；在公路安全的设计、建造、翻新和大修中，要求同时考虑到减少温室气体排放的要求；制定和实施一套快速翻新车辆的措施。此外，制定和实施一系列限制民用航空温室气体排放的措施。履行俄罗斯联邦根据《国际防止船舶造成污染公约》义务，包括制定一套提高俄罗斯海洋和河运船舶能效的措施。

（二）气候适应型措施

根据长期关注全球可持续发展的“德国观察”（Germanwatch）发布的

《2019全球气候风险指数》（*Global Climate Risk Index 2019*）指出，1998—2017年全球发生11 500多件极端天气事件，导致超过52.6万人死亡和3.47万亿美元的经济损失。气候风险指数按分值1~10、11~20、21~50、51~100、100以上可划分为高风险、较高风险、中度风险、较低风险和低风险五个等级。俄罗斯气候风险属于中度风险水平（表2）。美国诺特丹大学提出了表征国家尺度气候变化脆弱性的“ND-GAIN国家指数”（https：//gain.nd.edu/our-work/country-index/），该指数包括脆弱性和准备两部分，前者考虑了粮食、水、健康、生态系统服务、人居环境和基础设施六个生命支撑部门的暴露性、敏感性和适应能力，后者包括经济准备、治理准备和社会准备。

表2　1998—2017年俄罗斯气候变化风险指数

国家	气候风险指数		死亡人数（年平均）		每十万人口死亡人数（年平均）		损失（百万美元）（年平均）		损失占GDP比重（年平均）	
	均值	排名	均值	排名	均值	排名	均值	排名	均值	排名
俄罗斯	49.00	33	2 944.10	3	2.041	9	2 057.649	15	0.054	129

数据来源：“德国观察”（Germanwatch），https：//germanwatch.org/en/cri。

面对气候变化风险，俄罗斯逐渐提高适应在应对气候变化全局中的地位和作用，积极在可持续发展和消除贫困框架下开展适应气候变化技术研发、示范和推广，降低脆弱性，提升气候适应力。

1. 突出自然灾害防御

尽量减少由于降雨量和海平面上升引起的洪水增加的影响，包括：制定计算风险和评估降雨量增加而造成海平面上升和洪水影响的方法；制定适应降雨量增加、海平面上升和洪水灾害的设想方案；制定一套应对降雨量增加、海平面上升和水灾风险的措施。最大限度地减少山地冰川退化、泥流和雪崩活动的危险后果，包括：研发一种计算风险和评估山体冰川退化、泥流和雪崩活动造成的损害的方法；制定山地冰川退化、泥流和雪崩活动的适应方案；制定和实施一系列措施，防止山区冰川退化、山洪暴发和雪崩。尽量减少增加飓风频率，包括：开发计算风险和评估飓风造成电网设施损害的方法；制定适应飓风的方案；制定和执行一系列措施，防止飓风对电网设施的影响。

2. 维护生态系统安全

最大限度地减少因俄罗斯联邦某些地区干旱加剧而导致森林和泥炭火灾增加的后果，包括：制定风险评估和评估俄罗斯联邦个别地区林地和泥炭地损失的方法，以及森林火灾的后果及其对森林的影响程度；制定俄罗斯联邦某些地区的森林和泥炭地适应方案；制定和实施一系列措施，以防止俄罗斯联邦某些地区的森林和泥炭地产生不利后果。优化林业部门和农业部门的工作，包括：保护和提高森林作为温室气体的储存和汇集的质量，采用合理的林业方法，包括造林和再造林；促进旨在适应气候变化的农业活动。2018 年，俄罗斯在第一时间内消灭的森林火灾数量占森林火灾总数的比例为 77.5%，高于俄罗斯联邦政府 2014 年 5 月 4 日第 318 号批准的俄罗斯联邦《2013—2020 年林业发展国家方案》中的目标指标值 71.8%。

3. 促进农业稳定生产

尽量减少农产品生产的风险（包括降低农场动物的生产力，生产力和作物的总产量），包括：制定计算风险和评估农业气候变化损害的方法；制定和实施一系列措施，使农业生产适应气候变化。为了最大限度地减少农业部门的气候风险，俄罗斯农业部制定了关于国家对农业生产者的监管文件（从联邦预算向俄罗斯联邦各组成实体预算提供其他预算间转移的规则，以补偿农业生产者因自然紧急情况造成的损害。损害是根据俄罗斯联邦政府 2014 年 12 月 22 日第 1441 号决议批准的《俄罗斯联邦农业商品生产损失评估法》评估农业商品生产损失，评估程序是根据俄罗斯农业部 2015 年 3 月 26 日第 113 号命令批准的自然灾害紧急援助方案，俄罗斯联邦农业部为应对自然灾害的紧急援助方案提供了资金）。俄罗斯农业部采取措施，通过调节水、空气和营养状况，引入新的作物品种，根据长期预测优化作物生长条件，以及在最易受恶劣天气影响的地区建立国家支持机制，使农业生产适应气候变化现象。2018 年，俄罗斯农业部与国立研究大学高等经济学院共同制定了俄罗斯联邦农业科学和技术发展预测，直至 2030 年，在此框架内对俄罗斯联邦农业科技发展的外部条件和趋势进行了分析和预测。

4. 建设韧性城市和设施

最大限度地降低因永久冻土带南部边界向北部移动而给建筑物、运输系统和基础设施的可靠性和强度带来的风险，其中包括：制定一种计算风险和评估气候变化对建筑物、运输系统和基础设施造成的损害的方法；制定适应建筑、运输系统和基础设施的场景，以适应多年来冻土层向北移动；制定和实施一系列措施，尽量减少冻土边界向北部移动对建筑、交通系统和基础设施造成的影响。

5. 促进人体健康

最大限度地降低高风险群体的发病率和死亡率，包括气候变化引起的传染病和寄生虫病传播。相关措施包括：制定风险评估和评估由气候变化影响高危人群疾病和死亡率上升的方法；制定适应疾病的情景，包括传染病和寄生虫疾病；制定和实施一系列措施，以预防和减少高风险群体的疾病和死亡人数，包括与传染病和寄生虫病传播有关的疾病和死亡人数。在《关于 2018 年实施〈俄罗斯联邦气候学说〉到 2020 年的综合计划执行情况的报告》中，俄罗斯卫生部将继续制定和实施一系列预防和减少高危人群疾病和死亡人数的措施，包括与传染病和寄生虫病传播有关的疾病和死亡人数。

四、应对气候变化国际合作

面对气候变化对人类福祉带来的危险和不确定性，在各方共同努力下，全球应对气候变化工作取得积极进展，先后达成了一揽子共识。但由于资源禀赋、发展阶段、历史责任等的不同，各国利益诉求差异巨大，利益博弈彼此交织。在此背景下，俄罗斯积极参与相关国际合作，并于 2019 年正式加入《巴黎协定》。

（一）俄罗斯参与气候变化国际公约

1992 年，签署《联合国气候变化框架公约》；1994 年颁布总统令，确立环境保护与可持续发展的俄罗斯国家战略；2004 年签署《京都议定书》；2008 年在波兹南会议上提出将俄罗斯从附件一国家划入发展中国家；2009 年 7 月，八国集团峰会后的新闻发布会上，俄罗斯总统提出俄罗斯到 2020 年将温室气体排放量较之 1990 年减排 10% ~ 15%，到 2050 年较 1990 年减排 50%；2009 年 12 月哥本哈根会议上，提出到 2020 年俄罗斯的温室气体排放量将下降 25%，到 2050 年减少 50%；2010 年 12 月，在坎昆世界气候大会（COP16）中提出希望能够在《京都议定书》第二承诺期继续使用该国在第一承诺期尚未用完的排放权的意愿；2011 年 12 月，在班德世界气候大会（COP17）中明确表示不承诺《京都议定书》第二承诺期的减排目标；2012 年，在多哈世界气候大会（COP18）中明确不参加《京都议定书》第二承诺期；2013 年，在华沙世界气候大会（COP19）中要求从附件国家的名单中除去，不承担《京都议定书》第二承诺期的责任；2015 年，在国家自主贡献预案（INDC）计划中，提出至 2030 年排放量比 1990 年降低 25% ~ 30%；2019 年，俄罗斯宣布加入《巴黎协定》。

（二）需求分析

减轻气候变化不利后果是区域各国推进可持续的共同课题。随着气候变暖，俄罗斯饱受森林火灾之害。未来气候变化将导致动植物物种分布北移，影响土著居民生计，森林火灾随着开发活动的拓展而更趋频繁，冻土和冰雪融化相关灾害增多，北冰洋水系水电站和冻土区铁路等设施运营环境胁迫增多。

控制温室气体排放是区域各国推进经济转型的共同挑战。温室气体排放问题根本上是一个发展问题，与经济发展水平、发展阶段、发展方式密切关联。俄罗斯城市化率超 70%、人均 GDP 超 1 万美元，但经济结构中机械、冶金、石油、天然气、煤炭、化工等传统高碳经济比重较大，出口和税收高度依赖燃料和矿产品，温室气体减排成本较高、动力不足。

区域减缓、适应、资金、技术和能力建设合作潜力巨大。面对气候变化风险，俄罗斯制定《俄罗斯联邦气候学说》及其2020年前综合实施方案，将气候变化因素考虑进经济发展规划，把应对措施融入国家行动，注重防范森林火灾、山地冰川退化的危险后果。一方面，俄罗斯在提升气候变化科学认知、扩大气候变化投融资、减排和适应技术研发和转移、碳定价机制运用、基础能力建设和人员培训等方面都存在巨大需求和潜力。另一方面，其在毗邻地区观测、研究、减缓和适应求变化方面，或在绿色低碳、投融资等方面，或在国际气候变化谈判诉求方面，拥有良好的互补性和共同利益。

五、中俄气候变化领域合作建议

2017年，在波恩世界气候大会期间，俄罗斯总统气候问题特别代表亚历山大·贝德里斯基和俄罗斯能源部国家能源政策局局长阿列克谢·古拉平对中国应对气候变化的行动给予了高度评价，并对中俄两国在气候领域的合作充满信心。此外，中俄两国在政府层面也设立有俄中发展与气候变化联络组。我国与俄罗斯同为温室气体排放大国，开展气候变化领域合作符合双方共同利益和需求。为此，对未来中俄气候变化领域合作提出以下建议：

（1）深化气候变化适应领域合作

气候变化适应涉及生态系统、水资源、农业、城市和基础设施、自然灾害和人体健康等领域，与经济社会领域协同多。在跨境水资源保护和利用领域，要加强对话协商，合理处理气候变化背景下跨境河流水文灾害防治、水生态保护、水环境风险防范。开展跨境河流水资源和气候变化影响等方面的联合研究，组织实施抑制蒸发、生态流量管理等可持续水资源开发与保护技术示范项目和优先合作项目。在生物多样性保护领域，共同探讨建立更多跨境自然保护区、国家公园、湿地公园、森林公园等自然保护地。以跨境哺乳动物、候鸟为重点，共同建设观察网络，强化保护的协同性。在海洋生态环境保护领域，推动海洋环境观测技术合作，开展海洋海岛生物多样性、海岸带侵蚀、海洋动力环境、海洋气象和海洋卫星等科学观测和数据共享。在农业领域，推广我国抗旱、抗涝、抗逆农作物品种，应用滴灌、喷灌等节能灌溉技术。在灾害领域，南向重点关注冰崩塌及其诱发的堰塞湖灾害，西向重点春季融雪型洪水的影响，北向联合应对跨境森林草原火灾和凌汛。在韧性城市领域，一方面分享低影响开发 / 海岸城市建设优良实践，提高城市雨洪模型开发应用；另一方面加强高温和低温背景下的能源应对技术合作和策略分享。

（2）加强多边框架下的合作与立场协调

中国与俄罗斯共同参与联合国、上海合作组织、金砖国家、二十国集团、亚洲相互协作与信任措施会议（亚信）等多边机制。根据《上海合作组织成员国环保合作构想》，适应气候变化是上合组织成员国的基本合作方向之一。而在金砖国家框架下，自 2015 年签订《巴黎协定》以来，2016—2019 年，每年的金砖领导人会晤宣言中均提到要充分落实《巴黎协定》。同时，习近平主席在近年来召开的金砖领导人会晤以及非正式会晤时也多次强调要坚持“共同但有区别的责任原则和各自能力原则”，坚定推动落实应对气候变化《巴黎协定》。2019 年俄罗斯加入《巴黎协定》的举动，展现了俄方应对气候变化挑战的积极姿态，有助于加强国际社会应对气候变化挑战的共同努力。

未来，可深化双方在联合国、上海合作组织、金砖国家、二十国集团、亚信等框架下的气候变化领域合作；同时，加强多边立场协调，建设性参与全球气候多边进程，推动《巴黎协定》全面有效落实，维护共同利益，降低美国退出《巴黎协定》所造成的不良影响，促进全球绿色、低碳和可持续发展。

（3）加强数据共享和联合研究

数据是认知和应对的基础，也是评估全球气候变化区域影响的前提。首先，要做好气候监测和数据共享。可探索在喜马拉雅山、青藏高原、天山山脉等跨境地区建立气候和冰川、径流、植被等生态环境联合观测网络，开展更多数据开放和共享。发挥我国空间技术优势，提供更为多元的环境遥感观测产品。进一步完善上合组织环保信息共享平台，将气候变化相关领域纳入平台。

其次，开展气候变化和影响联合研究。积极开发适用于本地区的新一代区域气候模式和地球系统模式，开展区域气候变化影响及脆弱性评估，定期发布区域气候变化评估报告，探索向受气候变化影响的脆弱地区提供技术支持。围绕冰川、河流等重点地貌区、重要领域开展联合气候变化科学考察和研究，联合俄罗斯评估气候变化下西北航道、西伯利亚和远东农业开发潜力。

（4）扩大气候变化投融资规模

投融资是《巴黎协定》的重要推进方向。清洁能源、水利、农业已经成为我国对外投资和融资的重要方面。一是要引导企业对外投资关注可再生能源、农林业和水利水资源领域，为区域国家低碳转型和适应气候变化提供更为多元的资金来源。二是发展绿色金融，通过中国国家开发银行、中国进出口银行贷款、丝路基金等融资平台，支持和扩大对地区国家清洁能源、低碳城市、土地管理、风险适应等工程投入。三是共同寻求相关国际组织和金融机构的资金支持，在绿色气候基金、世界银行、亚洲开发银行、亚洲基础设施投资银行、金砖国家开发银行等多边金融机制支持下，实施气候变化领域联合项目。

参考文献

［1］谢伏瞻，刘雅鸣，等．气候变化绿皮书：应对气候变化报告（2018）［M］．北京：社会科学文献出版社，2018.

［2］王文涛，曲建升，彭斯震，等．适应气候变化的国际实践与中国战［M］．北京：气象出版社，2017.

［3］中国—上合组织环境保护合作中心．上合组织成员国环境保护研究［M］．北京：社会科学文献出版社，2014.

[4] 林英梅，庞昌伟 . 俄罗斯生态治理的对策与措施 [J]. 当代世界，2017（3）：70–72.

[5] 苏铁娜，王海平 . 俄罗斯自然资源管理体制及其启示 [J]. 中国国土资源经济，2016，29（5）：54–58.

[6] 中国—上合组织环境保护合作中心 . 上合组织区域和国别环境保护研究：2015 [M]. 社科文献出版社，2016.

[7] 陈泮勤，曲建升，等 . 气候变化应对战略之国别研究 [M]. 北京：气象出版社，2010.

[8] 段茂盛，周生 . 能源与气候变化 [M]. 北京：化学工业出版社，2014.

[9] 周国梅，彭宾，国冬梅 . 区域环保国际合作战略与政策 [专著]：Regional environmental protection international cooperation strategy and policy：亚太环境观察与研究 2014 [M]. 北京：中国环境科学出版社，2015.

[10] 董战峰，葛察忠，王金南，等 ."一带一路"绿色发展的战略实施框架 [J]. 中国环境管理，2016，8（2）：31–35.

[11] 韩博 ."一带一路"战略的生态伦理研究 [J]. 沈阳师范大学学报（社会科学版），2016，40（1）：52–55.

俄罗斯生态环保国际合作经验研究

韵晋琦　王语懿　刘乾[①]

摘　要　生态环保国际合作是俄罗斯应对生态危机、加强环境保护、改善生态环境质量、实现可持续发展的重要途径。俄罗斯参与了多项联合国和其他全球性国际组织下的多边国际生态环保合作条约，也同美国、欧盟、德国、日本等发达国家有着长期的生态环保合作，与中国双边合作也在不断扩大深化。合作内容涉及污染防治、固废处理、海洋环境保护、水资源利用、应对全球气候变化等多个领域。本研究梳理了俄罗斯多（双）边生态环保国际合作历程和现状，结合具体案例，总结了俄罗斯国际环保合作模式和合作机制，以及各国对俄合作经验和失败教训。

关键词　俄罗斯经验；国际合作；生态环境

生态环境问题是俄罗斯改善居民生活水平、实现可持续发展所面临的重要问题。基于苏联时期长期积累的环境问题，以及俄罗斯在环境保护领域相对于发达国家较为落后的现状，进行生态环保国际合作是俄罗斯改善生态状况、促进环境友好型经济发展的重要途径。

一、俄罗斯生态环保国际合作概况

俄罗斯进行生态环保国际合作的出发点在于保护俄罗斯的生态环境，实现本国的可持续发展。俄罗斯联邦自然资源与生态部是俄罗斯在自然资源研究、利用和保护领域制定国家政策、执行相关法律法规、进行监管和调控的联邦权力机关，也是俄罗斯生态环保领域的国际合作职能部门。俄

①　韵晋琦、王语懿，生态环境部对外合作与交流中心；刘乾，中国石油大学。

罗斯生态环保国际合作分为双多和双边两种形式。

参加联合国和其他全球性国际组织下的多边国际生态环保合作条约，以及参与亚太经合组织、独联体、上合组织、金砖国家组织等地区性组织框架下的相关生态环保组织合作，是俄罗斯发展多边生态环保国际合作的主要方式。这种方式帮助俄罗斯充分利用多边机构的国际资助、国际经验和技术支持服其生态环境保护目标。

俄罗斯同 50 多个国家进行了生态环保双边合作，其中比较活跃的合作包括德国、挪威、芬兰、中国、韩国、日本、蒙古国、伊朗、瑞典、爱沙尼亚、美国、南非、苏丹、摩洛哥，以及独联体内的白俄罗斯、哈萨克斯坦和亚美尼亚等。双边合作是根据双边政府间的合作协议和备忘录进行的，双方为其实施专门建立工作机构，合作领域包括保持生物多样性、防治空气污染、垃圾处理等。

二、俄罗斯参与的多边国际生态环保合作条约

俄罗斯参与了联合国框架下一系列国际公约和协议，并继承了苏联时期签署的一系列有关生态环保的国际条约。根据俄罗斯自然资源部官网的数据，由该部牵头参与的多边生态环保条约、公约和协议包括：

1946 年《国际捕鲸管理公约》（华盛顿）

1959 年《南极条约》

1971 年《国际重要湿地特别是水禽栖息地公约》（拉姆萨尔公约）

1972 年《保护南极海豹公约》

1972 年《防止倾倒废物和其他物质污染海洋公约》（伦敦公约）

1973 年《保护白熊协议》（奥斯陆）

1972 年《保护世界文化和自然遗产公约》（巴黎）

1973 年《濒危野生动植物物种国际贸易公约》（华盛顿）

1979 年《联合国欧洲经济委员会远距离跨境空气污染公约》（日内瓦）

1979年《欧洲野生动植物和自然栖息地公约》（伯恩公约）

1979年《保护野生动物公约》（波恩公约）

1980年《保护南极海洋生物资源保护公约》

1985年《关于耗损臭氧层物质的蒙特利尔议定书》

1987年《维也纳保护臭氧层公约》

1989年《控制危险废物越境转移及其处置公约》（巴塞尔公约）

1991年《南极条约关于环境保护的议定书》（马德里议定书）

1991年《联合国欧洲经济委员会跨境环境影响评估公约》

1992年《联合国欧洲经委会关于赫尔辛基工业事故跨境影响的公约》

1992年《联合国欧洲经委会的保护和使用跨界水道和国际湖泊公约》（赫尔辛基）

1992年《保护波罗的海海洋环境公约》（赫尔辛基公约）

1992年《生物多样性公约》（里约热内卢）

1992年《保护黑海免受污染公约》（布加勒斯特公约）

1992年《联合国气候变化框架公约》（纽约）

1994年《联合国防治荒漠化公约》（巴黎）

1997年《研究、勘探和使用矿产资源领域的合作协议》

1997年《联合国气候变化框架公约的京都议定书》（京都议定书）

1998年《林业合作协议》

1998年《联合国欧洲经委会在环境问题上获得信息公众参与决策和诉诸法律的公约》（奥胡斯公约）

1999年《独联体国家环境和自然环境保护合作协议》

1999年《独联体国家环境监测合作协议》

1999年《在国际贸易中对某些危险化学品和农药采用事先知情同意程序的鹿特丹公约》（鹿特丹公约）

2001年《研究、开发和保护自然矿产方面的边境合作协议》

2001年《关于持久性有机污染物的斯德哥尔摩公约》（斯德哥尔摩公约）

三、俄罗斯同主要国家的双边生态环保合作

俄罗斯同美国、德国、日本及欧盟等发达国家和地区有着长期的生态环保合作，与中国双边合作也在不断扩大深化。这种双边合作形式涉及生态保护很多细分领域，以双边协定谈判、落实和项目实施的形式为主。

（一）俄罗斯同美国的环保合作

俄罗斯同美国的双边生态环保合作始于20世纪90年代。1994年6月23日，俄罗斯和美国两国政府签署了《环保和自然资源合作协议》，并在该协议框架下成立了“环境保护和保护区组织”工作组开展国家公园和自然保护区建设合作。俄美生态环保合作一度非常紧密，政府间签署了各类合作计划，在部委、大学、科研中心层面有多项联合项目实施，合作领域涉及核废料清理、生物多样性保护、能效提高等。但随着21世纪初俄美关系逐步疏远恶化，俄美生态环保合作项目也逐步减少。目前除涉北极问题，如在楚科奇—阿拉斯加自然保护区生态合作等少数项目上双方仍有持续性项目合作，其他类型合作已基本停止。

1. 清理北极核废料领域合作

苏联解体后，消除其庞大的核武库并防范核反应堆风险是西方国家同俄罗斯在生态环保方面合作的重要议题之一。20世纪90年代初，俄美通过讨论的《纳恩—卢格法案》（*Nunn-Lugar Act*），即《1991年降低苏联核威胁法》（*Soviet Nuclear Threat Reduction Act of 1991*）和《物理保护、核查和监控核材料计划》，计划在北极清除俄罗斯北方舰队的核潜艇反应堆。1996年，俄罗斯、美国和挪威启动了三方合作清理固体放射性废料的“北极军事领域生态合作项目”，项目约定由美国向俄罗斯提供其必需的技术和设备。

以“北极军事领域生态合作项目”为代表的俄美北极生态环保合作既有生态环保内容，也有军事组成，但项目主要目标是清除俄罗斯危险军事设备和核武器。需要指出的是，在这种合作方式下，俄美双方的地位是不

平等的。俄罗斯是资金、技术和设备的接受方，而生态合作是由美国为其军事目的单方面施加给俄罗斯的。

目前，俄美仍在核废料安全处置方面继续开展合作，但实质性内容已大为减少。俄罗斯技术监督局和美国能源部会定期举行会议，讨论两国在核材料安全监管、核算、控制和物理保护等方面的问题，以及双方未来在这一领域的合作方式。

2. 楚科奇—阿拉斯加自然保护区生态合作

俄美双边生态环保合作中最为积极和富有成果的项目是“楚科奇—阿拉斯加自然保护区生态合作项目”，该项目涵盖了宽度为 46 海里的白令海峡地区，俄美政府机构、大学、研究所，及相关环保基金和国际组织均参与合作。2011 年 5 月 26 日，俄美两国总统发布了有关在白令海地区开展合作的声明，承认该地区具有独一无二的自然和文化特征，包括楚科奇和阿拉斯加独特的生态系统，并呼吁在这一领域加强合作。

俄美两国合作建设了包括白令海峡及其周边（楚科奇—阿拉斯加）的共同生态保护区，并定期就自然保护区管理交换经验，讨论联合科研、游客组织、生态常识普及和志愿者计划等；双方在动物种群研究和数据统计方面制定了统一口径，分析了白令海和楚科奇海的生态系统及其发展趋势，并利用现代化视像工具监控和核算动物种群，合作减少外来物种入侵风险；双方针对北极熊在俄罗斯已经成为稀有保护动物，而在阿拉斯加允许进行许可捕猎的情况，签署了《关于保护和利用楚科奇—阿拉斯加北极熊物种》的协议，对北极原住民传统狩猎行为进行调节，规定配额和捕杀制度。

（二）俄罗斯同欧盟的环保合作

俄罗斯和欧盟的生态环保合作始于 1995 年。2001 年，双方开始实施旨在保护环境和合理利用自然资源的“联合生态合作计划”，合作领域包括气候变化、生物多样性保护、环境影响评估、生态政策协调、水资源生态等。

1. 从 TACIS 计划到 ENPI 计划

1995—2006 年，欧盟和俄罗斯的环保领域合作主要是在 TACIS 计划（欧盟对独联体国家的技术援助计划）下进行的，欧盟与俄罗斯由此启动了“波罗的海毗邻区域的环境合作计划”。该计划由“北方维度”（Northern Dimension）环保合作基金会提供资金支持，由赫尔辛基委员会对项目实施进行全面支持，并成立了波罗的海非政府组织和地方政府协调机制等。

2007—2013 年，ENPI 计划（欧洲睦邻和伙伴关系工具）代替了 TACIS 计划，俄罗斯开始积极参与跨境合作和“北方维度”的共同拨款。该计划生态领域相关重要项目包括“建立石油数据库完善石油和成品油泄漏紧急反应体系项目”“北极沿岸地区环境、技术和创新项目”“欧盟和俄罗斯环境领域科技合作基础项目”“北极地区房屋和基础设施能效科研合作基础项目”等。

2. “北方维度”生态伙伴关系

生态环保在“北方维度”计划中具有重要地位。2001 年，有关各方成立了资金总额达 3.472 亿欧元“北方维度”合作伙伴关系。该机制赞助方包括俄罗斯、白俄罗斯、比利时、德国、丹麦、加拿大、荷兰、挪威、英国、芬兰、法国、瑞士及欧盟，其执行机构为欧洲复兴开发银行和北方生态金融集团（NEFCO），其项目范围包括整个欧洲西北部从俄罗斯西北部到冰岛的所有国家。该机制下项目数量已由 2007 年的 3 个提高至 2013 年的 29 个。

“北方维度”合作伙伴关系，旨在改善欧洲北部地区因核废料储存后受到破坏的生态环境，通过建设现代化的大城市洪水保护体系和更新水净化设施保护波罗的海，其项目目标是提高污水处理效率。主要项目包括 2005 年完工的圣彼得堡建设污水处理厂项目、总预算 5.62 亿欧元的“停止向涅瓦河直接排放污水”项目（该项目获得了北方维度生态合作伙伴关系 2 400 万欧元的担保，进而获得了 6 000 万欧元的额外贷款）等。

3. “北方维度”核生态计划

俄罗斯西北部的阿尔汉格尔斯克州和摩尔曼斯克州是世界上最大的核

废物储存库。为解决这一问题，“北方维度”同俄罗斯政府、国际专家组共同制订了处理核潜艇及其辅助船只乏燃料核废物的“北方维度”核生态计划，帮助俄罗斯恢复西北部地区生态环境。

2012年年底，“北方维度”核生态计划共筹措1.65亿欧元资金，处理了俄罗斯西北部198艘潜艇船只中的192艘，顺利完成“核燃料安全储存库建设项目”，完善了摩尔曼斯克州和阿尔汉格尔斯克州的放射性和紧急反应监控机制，完善了安德列耶夫湾核燃料运输系统等。

4.TAIEX框架下的生态环保合作

2014年，俄罗斯和欧盟在“欧盟睦邻和扩大谈判政策框架”下制定了“技术援助和信息交流工具”（Technical Assistance and Information Exchange, TAIEX）。双方在TAIEX框架下的合作非常广泛，包括能源信息管理、包装材料的回收、环境污染责任、水库水文地质模型等多个不同领域。目前双方在环保和气候变化领域已实施多个大型项目，具体为：

赫尔辛基委员会波罗的海行动计划项目（欧盟提供250万欧元担保）。该项目旨在保护波罗的海环境、防治污染、保护生物多样性，项目实施区域包括圣彼得堡、列宁格勒州、加里宁格勒州、普斯科夫州、诺夫哥罗德州和卡累利阿。

企业能效提高应对气候变化项目（欧盟提供48.45万欧元担保）。该项目旨在提高圣彼得堡和列宁格勒州非营利组织的管理和技术能力，其更有效地参与解决能源有关问题。

加里宁格勒州可再生能源项目（36.28万欧元担保），该项目旨在巩固加里宁格勒州和斯堪的纳维亚国家的合作，促进有效应对气候变化问题。

俄罗斯波罗的海地区住宅和公共房屋推行节能经验项目（47.8万欧元）。该项目旨在提高能效标准，在俄罗斯推行欧洲能效提高技术，发展俄罗斯和欧洲在建筑和住房节能领域的合作。

2014年，欧盟和俄罗斯因乌克兰问题进行了相互制裁，政治环境恶化。但在TAIEX框架下，双方仍批准了2014—2020年的五个跨境合作项目，欧盟总拨款5 700万欧元。

（三）俄罗斯和德国的环保合作

俄德两国双边生态环保合作有着悠久的历史、良好的基础和较高的互信度。当前俄德合作领域已由最初的自然环境保护，扩展到环境技术联合研究、垃圾处理和经济化利用、气候变化应对和减缓等多个领域。

1. 比金河项目

比金河全长 560 千米，流域面积超过 2 万千米^2，位于俄罗斯滨海边疆区和哈巴罗夫斯克边疆区。“比金河原始天然林保护和降低气候变化影响项目”（以下简称“比金河项目”）旨在保护比金河流域独有的森林体系、特有的野生动物（如东北虎）、植物（红松林）和原住民群落（乌德盖族和赫哲族），并通过森林吸收实现温室气体减排。该项目由德国联邦环境、自然保护和核安全部出资，通过德国发展银行在德国政府国际气候倡议框架下进行资助，世界自然基金会（WWF）作为项目执行机构，项目实施期为 2009—2016 年。

从 2009 年第一期项目开始，超过 46 万公顷的比金河谷地区被列为保护区。项目授权和帮助当地原住民建立非伐木林业经济企业（如人参、蕨类和蘑菇等），创新性地引入碳信用制度增收 1 700 万卢布，并加大对偷伐、盗猎和森林火灾的监察力度。比金河谷拥有俄罗斯远东地区最大的温带阔叶林，相当于每年减排 27.5 万吨二氧化碳，这些减排量均可在京都议定书框架下的世界碳市场进行交易。该项目还包含对东北虎栖息地的红松林保育等项目内容，使该项目成为综合了气候变化、有价值生态系统保育、生物多样性保护和当地社区传统自然资源开发的多元一体化生态环保项目。

2011 年，默克尔和梅德韦杰夫签署支持比金河项目，使得该项目成为俄德双边高层级合作项目；项目建立的比金河国家公园因良好的保护效果已被誉为“俄罗斯的亚马逊”；在俄罗斯支持和推动下，项目中的生态环保和原住民政策已在俄罗斯法律层面得到推广确认，间接推进了俄罗斯环境法的发展。政治层级高、时间跨度长、项目成果丰硕的比金河项目，成功促进了俄罗斯生态环保制度和国际制度的接轨，已经成为国际双边生态环保和原住民发展的典范案例。

2. 极地海洋研究

德国对北极的探索可以追溯到 19 世纪，其在北地的关注点是气候变化、生态体系、原住民、自然资源（主要是油气、有色金属和稀土）、航道（北海航道和西北航道）和德国北极技术设备推广等。

1991 年俄德两国对拉普捷夫海进行了联合科学考察，相关研究成果被整合进 1995 年俄德政府间协议，成为“拉普捷夫海生态和气候系统”项目；1997 年，俄德两国对西伯利亚河流进行联合研究；1998 年，德国被列为北极理事会永久观察员；1999 年，俄德两国联合建立了奥拓施密特极地和海洋研究实验室，由圣彼得堡大学和不来梅大学联合开展“应用极地和海洋研究教学”项目。

当前俄德极地海洋研究核心问题包括：北极冰盖的消逝和其对大气、海洋和生态系统的影响，在时空和空间维度评估北极的气候变化，甲烷在永久冻土层的释放，北极经济活动的风险和机遇，跨北极系统的变迁，等等。

3. 加里宁格勒环境合作

加里宁格勒地区是俄罗斯靠近欧盟的一块波罗的海沿岸飞地，与波兰及立陶宛接壤，对波罗的海和欧洲的生态环境有着重要意义。俄德两国在该地区开展了一系列长达十多年的综合性生态环保合作，主要内容包括环境教育、俄德环境日活动、水体保护、水资源经济、生物多样性保护、环境技术、循环经济和能源等。

（1）环境教育。俄德双方教师和中小学生在加里宁格勒地区开展了各类环境知识教育合作。

“加里宁格勒—德国北方的气候能源教育”：该项目针对加里宁格勒地区气候能源的教育内容比较缺乏的问题，合作组织了气候和能源教育的“俄德体验交换”，通过户外教学将能源获取、能源供应和气候变化联系起来，特别关注能源环境领域产生的自然、社会、政治和经济方面的总体趋势，以及自然资源的可持续使用和开发。

“斯拉夫斯基区可持续农业双轨制职业培训”：加里宁格勒的斯拉夫斯基区面临农业财务困难和弃耕激增问题。该项目致力于改进该地区农业教育，通过德俄青年交换访问达成“双规教育”，主要活动包括定期工作会面、德国专业人士访问、到德国农场和农校实习等。

“吕纳堡和加里宁格勒建立的可持续发展‘学习景观’”：该项目建立了萨克森州和加里宁格勒的可持续发展对话机制、德俄学校可持续日常饮食交换体验、德俄学植树造林户外教学中心、生态野外实习和自然营模式等。

（2）俄德环境日活动。俄德两国从 2002 年起每年在加里宁格勒地区组织俄德环境日活动。每次活动，俄德双方根据挑选出的议题和概念进行讲解，同时也会推荐下一次的议题。如 2016 年的议题为“不同经济部分中的最佳可行技术”和“降低对波罗的海的负面影响”。2017 年的议题为“垃圾处理的安全性、经济性”和“自然保护区组织管理”。

（3）水体保护和水资源经济。加里宁格勒地区供水和污水处理主要由基层社区完成，常面临财源不足而无法清洗维修。俄德两国在供水和污水处理方面建立联合项目，汇集双方能力经验，旨在为该地区提供高质量饮用水供应和卫生无害化污水处理。具体活动包括污水处理厂建设规划咨询、普利莫尔斯克地区卫生饮用水规划、德国分布式污水处理经验展示、供水末端简易处理、加里宁地区饮用水和污水处理示范项目评估、污水处理概念模式化等。

（4）自然保护和生物多样性。俄德致力于将加里宁格勒地区的自然保护区建成与社会共同发展、经济上可持续，且自然文化、景观和生物多样性得到良好保护的典范。主要合作项目包括“Nemandelta 地区建立自然保护区的可行性研究”“Zehlau 沼泽对于气候的影响的研究”“Rominter 草甸建立大型自然保护区的概念研究”“开发滨外沙洲旅游的可行性研究”“自然保护和土地以及水资源管理的研究”和“加里宁格勒地区景观规划”等。

（5）环境技术和经济发展。针对加里宁格勒老工业区衰退问题，俄德拟借助 2018 世界杯举办，将环境保护和能源作为新的经济增长点振兴加里宁格勒经济。具体项目包括：

"加里宁格勒地区重新振兴工业进行的技术转移"，来自德国汉堡的专家参照德国之前与圣彼得堡的合作经验，开展旧工业区和闲置区规划，支持加里宁格勒振兴老工业地区。

"Neman 河跨境突发事件管理"，该项目主要防止发生事故时有毒物质通过跨境河流 Neman 快速传播，其建立了包括白俄罗斯、立陶宛和俄罗斯的国际预警机制，并借鉴莱茵河、易北河和多瑙河的治理经验，建立共同的法律法规。

"改进俄罗斯造纸行业的安全性的技术转移"，该项目针对加里宁格勒地区造纸业缺乏防治污染技术措施，由德国提供技术和经验支持，提高造纸企业技术安全标准，推广造纸企业模型化、现代化概念。

（6）循环经济。加里宁格勒每年产生 60 万吨垃圾，大量垃圾被填埋，只有 5% 得到回收再利用。俄德循环经济合作主要关注加里宁格勒的电子垃圾，主要项目包括"加里宁格勒对于欧盟和波罗的海的环境影响""支持加里宁格勒建立现代化的探测和处置系统""加里宁格勒城市垃圾管理分析及电子废物数量评估"等。项目建议加里宁格勒建立现代化的处理电子垃圾工厂，并为此提供了后勤、技术和资金支持，支持加里宁格勒回收处置其每年 1 500 吨电子垃圾。

（7）能源和能效合作。俄德在加里宁格勒地区的能源和能效合作为政治、行政、商业和公众等各种利益相关方提出了行之有效的项目设计，实现了现有资源保护和温室气体减排，具体项目包括："提高地方能效项目"，通过欧盟资助的项目，提高加里宁格勒地区城市建筑能源管理和能源规划的水平；"可再生能源技术展览"，在包括加里宁格勒在内的 50 多个俄罗斯城市举办关于可再生能源的展览，该项目得到了德国外交部、歌德学院、德国东部经济委员会和外贸商会的支持；"德国经验和技术的推广"，主要是在加里宁格勒地区德国推广德国能效和可再生能源的技术。

4. 俄罗斯国土规划的环境考量

“俄罗斯国土规划的环境考量研究项目”主要是就俄罗斯国土规划开展环境风险评估。根据俄德双方1992年签订的环境保护双边协议，德国参与了俄罗斯多个地区的环境保护，特别是在贝加尔湖地区和阿尔泰地区。该合作促进了俄罗斯在国土规划中增加对环境因素的考量，强化环境管理在国土规划的法律、方法和技术层面的重要性，并将土壤、水资源、气候和土地资源利用等要素整合进国土规划中。项目提出的“环境保护主体和国土使用对环境的影响”“国土规划中的环境因素的处理”“战略环境评估”“环境监测和信息的提供”等若干建议都被俄罗斯地区发展部采纳。俄罗斯地区发展部还根据项目成果起草了《〈俄罗斯联邦环境保护法〉修正案》。

（四）俄罗斯和日本的环保合作

俄罗斯和日本存在政治矛盾，“二战”结束70多年后，双方仍未达成和平协议，阻碍了双边关系全面发展。但在生态环保方面，双方仍开展了一些合作。

1. 清理远东地区核废料

苏联解体后，俄罗斯进行了大幅裁军，导致东亚地区出现了大量的军事废弃物，包括放射性废物。俄罗斯太平洋舰队在日本海遗留了大约800吨放射性固体废弃物。这一情况引起了日本和其他国家的担忧。在国际社会的压力下，俄罗斯于1992年10月成立了“收集海洋核废料问题委员会”。1993年4月，基于该委员会的调查结果，俄罗斯政府公布了《关于放射性废弃物的白皮书》。

日本从1959—1992年定期公布俄罗斯军队的发射性废物的数据。根据日方数据，从1959年起苏联向海洋丢弃的放射性废物相当于切尔诺贝利核电站事故辐射量的一半。此外。1968—1993年发生过35起苏联和俄罗斯潜艇与别国舰艇相撞事件，其中7起位于日本周边，这些事故造成排放至海洋的放射性污染物质总量都无法确定。

基于上述情况，俄日于1993年签署了拆除核潜艇合作的相关协议，并成立了俄日消除核废物委员会，总预算1亿美元，其中日本出资30%。1996—1998年双方合作实施了一系列项目，如远东的大卡缅“核潜艇固体放射性废物处理工厂建设”项目，该工厂年处理能力达7 000吨，日本为此拨款25亿日元。根据2000年9月8日两国签署的《发展日俄在解除、不扩散和消除核武器领域合作的备忘录》，日本将继续给予俄罗斯经济和科技援助，以解决核潜艇反应堆废料问题，进而改善远东地区生态环境。

2. 固废处理合作

2015年以来，俄罗斯固废问题日益紧迫，俄日两国加强了在固废回收和处理领域的合作。2015年，俄罗斯自然资源部邀请日本就固废处理进行讲座研讨，日方应邀介绍了其先进的治理理念、技术和经验，促进了相关企业技术交流。

2017年两国实施了“垃圾处理联合项目”，该项目计划由俄罗斯技术国家集团引进日立公司的垃圾处理技术，并在莫斯科郊外试点建厂，进而推广至全国修建500多个类似处理厂。“垃圾处理联合项目”的合资工厂中，俄方提供土地、工人，并负责修建厂房，日方负责提供技术、物流链、制订工作计划、确定负荷量并培训当地员工使用新设备。但目前，该项目由于种种原因仍为进入实际操作阶段。其主要原因是，按照俄罗斯法律，合资项目中俄方须占比51%及以上，日方投资者因失去话语权而积极性降低。

日俄在该领域其他的合作包括：在日本专家的帮助下，莫斯科近郊的两家垃圾处理厂中安装了金属废物收集及加工设备——在旋阀上安装四个大型磁铁，沿垃圾处理线搅拌，吸附金属废弃物用于再加工；日本公司采用日本技术参与俄罗斯废旧锂电池的回收和无害化处理；日本企业帮助莫斯科实行垃圾分类回收，并修建废物再加工场和发展废物分类运输；日本企业在乌兰乌德建设垃圾处理厂项目等。

俄日环保合作非常重视宣讲、推介和研讨等方式，重点推广日本的环保理念和环保技术。双方已经多次举行固废处理经验交流会，讨论“最佳可行技术”推广、环保立法、污水处理和垃圾处理立法等问题。

（五）中俄环保合作的现状与问题

1994 年 5 月，中俄两国政府在北京签署《中华人民共和国政府和俄罗斯联邦政府环境保护合作协定》，正式建立了中俄双边环保合作机制。2006 年，中俄签署《中俄联合声明》，在中俄总理定期会晤委员会框架内成立环境保护合作分委会，并设立污染防治和环境灾害应急联络工作组、跨界保护区及生物多样性保护工作组、跨界水体水质监测及保护工作组，标志着中俄环保合作进入了一个崭新的阶段。2015 年，在中俄友好、和平与发展委员会框架下正式设立生态理事会，成为推进两国民间环保交流与合作的重要平台。同时，依托上合组织、欧亚经济论坛、亚信峰会、中蒙俄等多边机制，中俄两国环保领域合作得到不断深化与拓展。

1. 跨界水体水质联合监测及保护合作机制

2006 年，中俄达成了《关于中俄两国跨界水体水质联合监测的谅解备忘录》，将在额尔古纳河、黑龙江、乌苏里江、绥芬河和兴凯湖等跨界水体开展联合监测。根据此计划，中俄两国成立了跨界水体水质联合监测协调委员会，指导联合监测计划的制订及协调落实。联合监测协调委员会中国一方涉及国家环境保护部、外交部等部门、中国环境监测总站和内蒙古自治区、黑龙江省地方环保监测站，俄罗斯一方包括水资源署、自然资源与生态部、水文气象署等部门和相关边境地方环保监测中心。联合监测协调委员会和联合专家工作组会议每年轮流在中俄举行。迄今为止，中俄跨界水体水质联合监测协调委员会暨专家工作组会议已开展了 20 多次联合监测，交换数据两万多个，是中俄环保领域合作中进展最快的一个方面。

2. 跨界突发环境事件通报和信息交换机制

2008 年，中俄签订《中俄跨界突发环境事件通报和信息交换机制的备忘录》，中方由环境保护部牵头，俄方由自然资源与生态部牵头。《中俄跨界突发环境事件通报和信息交换机制的备忘录》是中俄总理定期会晤委员会环保合作分委会在环境突发事件应急联络方面的新进展，加强双方在应对跨界突发环境事件方面的合作，增进互信，避免因信息交流不畅而出现的误会。多年实践证明，中俄跨界突发环境事件通报与信息交换机制畅通有效。

3. 跨界自然保护区和生物多样性保护

黑龙江沿岸是中俄生态环保合作的重要区域。中俄边境地区的自然保护区在保护该地区的自然生态系统、珍稀濒危野生动植物、物种多样性和自然遗迹等方面起到了非常重要的作用。目前，中俄双方已经建立了七个跨界自然保护区，现正在积极构建大兴安岭、小兴安岭、三江平原地区跨界自然保护区网络。

2011 年 6 月，在中俄总理定期会晤委员会环境保护合作分委会第六次会议上批准了《中俄黑龙江流域跨界自然保护区网络建设战略》，是在强化经济合作的边境地区加强自然保护的重要举措。在该框架下，加强了对中俄边境地区自然保护区支持力度，自然保护区管护、科研、生态监测等基础设施建设水平不断提高，野生动植物生境逐步恢复，取得了显著成效。

4. 中俄民间环保合作

中俄友好、和平与发展委员会（以下简称“友和发”）于 1997 年由两国元首倡议成立。委员会作为中俄民间外交的主渠道，得到了双方领导人高度关注，开拓了两国民间外交新局面。2015 年在中俄友和发委员会框架下正式成立了中俄生态理事会，理事会作为中俄民间环保合作重要平台，旨在促进两国民间在环保领域开展友好合作与交流，重点推动两国环保技术专家学者、科研机构、环保企业之间的交流，协调、增进两国环保技术交流和产业合作，促进中俄新时代全面战略协作伙伴关系持续发展，是中俄政府间环保合作的有益补充。

自 2015 年中俄生态理事会成立以来，双方在理事会框架下举办专家研讨会等活动，互邀出席环保专题会议，在双多边框架下就中俄环境政策、大气、固废、水处理技术与环保案例等进行深入交流。同时，在理事会框架下开展环保法律法规、政策措施的对话和交流，联合翻译出版的《中华人民共和国环保领域重要法律法规汇编》（俄文版）等系列丛书，宣传了中国生态文明思想，为双方企业在对象国开展生产经营活动提供了法律依据，也为进一步开展联合政策研究提供了基础。

四、俄罗斯国际环保合作的模式和机制

从俄罗斯与美国、德国、日本、中国及欧盟的环保合作现状可以看出，俄罗斯国际环保合作是多主体、多层次、多种机制共同进行的，从而形成了一套比较完整的国际环保合作体系。

（一）政府、科研机构与企业三位一体的合作模式

首先，政府在俄罗斯的国际环保合作中扮演了战略规划、政策制定和法律监管的职能，同时为部分项目提供资金和担保。从上述国际环保合作实例中可以看出，俄罗斯政府、自然资源部、地方政府及其环保部门通过国际合作条约与协议、国际生态科研合作、吸引外国投资等措施同外国政府、国际组织、外国企业进行环保合作。俄罗斯属于经济转型国家，其环保法规、环保意识和环保市场机制相对落后，很多环保项目的实施受到政策的限制。因此与俄罗斯进行环保合作，无论是科研项目、民生项目还是商业项目，需要首先对接各级政府相关部门。

其次，大学、科研机构在俄罗斯的国际环保合作中扮演了重要角色，大量的环保合作项目都是科研项目。以俄罗斯科学院及其下属多个研究所、莫斯科大学、圣彼得堡大学为代表的机构参与到国际环保科研项目中，涉及生物多样性、气候变化、海洋保护等多门类学科中。

最后，俄罗斯的国际环保合作离不开一些重要企业的参与，如俄德合作中的德国技术合作公司，俄日合作中的三菱、日立公司，以及俄罗斯本国的俄罗斯技术集团、纳米技术集团等公司。

俄罗斯的国际环保合作离不开资金的支持。从目前的环保合作现状

看，主要的资金来源包括政府预算（主要支持核废料处理、生态科研合作和部分民生类项目合作）、国际环保组织和环保基金，以及国际金融机构。但需要指出的是，俄罗斯进行国际环保合作的大部分项目都不是商业性项目，获得可预期投资回报的项目非常少。

（二）从多边国际到地方政府的多层次合作机制

俄罗斯进行国际环保合作分为国际多边、联邦政府双边和地方政府三个主要层面进行，不同层面的合作机制存在明显的差异。

首先，国际多边环保合作是在俄罗斯参与的各类国际条约和国际组织框架下进行的，俄罗斯在这些条约和组织框架下承担自己的责任和义务，也享有相应的权利。但是，国际多边框架的约束力相对较弱，俄罗斯会根据自身的需要选择积极或者消极的立场对待其国际责任，比如俄罗斯在对待全球气候变化和《京都议定书》义务时的态度和在“北方维度”框架下的环保合作态度就存在明显的不同。

其次，俄罗斯与其他国家进行双边环保合作的最主要机制是政府间的环保合作协议和双边政府间环保（生态）合作委员会定期会议。此类政府间协议和定期的政府间会议基本涉及俄罗斯所有的国际环保项目，包括以企业为实施主体的技术引进、工程建设和制度改善等项目。需要指出的是，俄罗斯同发达国家的环保合作，往往是在多边和双边机制下共同进行的，如同美国、德国、芬兰、挪威等国的合作项目，既包含在双边合作中，也包括在诸如北极理事会、赫尔辛基委员会、欧盟睦邻和伙伴关系工具等其他多边机制框架内，从而形成了更加紧密的合作关系。

最后，在环保合作的具体项目实施中，俄罗斯地方政府扮演了非常重要的角色。诸如固废回收、垃圾焚烧发电厂建设、污水处理等项目，都需要获得地方政府的审批。同俄罗斯地方政府（包括联邦主体政府和市政府两级层面）的合作，了解地方的环保政策、规划和需求，是进行此类项目合作的先决条件。

（三）对俄双边环保合作的经验总结

对俄罗斯开展双边环保合作，需做到兼顾环境外交和国际合作的需要，也能够兼顾本国企业技术优势和俄罗斯本地技术需求，才能收到良好的经济和社会效果。

1. 良好的政治外交关系

需要指出的是，俄罗斯国际环保工作的实施，首先与政治外交相关。例如，俄罗斯和美国关系的恶化，直接导致了两国环保合作的减少，而俄罗斯和德国保持良好的政治关系确保了其环境合作开展。从具体事例中可以看出，德国和俄罗斯的环境合作项目很多都是在地缘政治敏感的地区，如俄罗斯的波罗的海飞地——加里宁格勒、北极的拉普捷夫海、远东的比金河等。没有俄罗斯和德国政府间的高度政治互信，这些地区的环境合作很难开展。

2. 多层级对接落实

对俄罗斯双边环保合作，需要我国多个部门出面和俄罗斯对应的政府部门达成协议框架，俄方主要部门包括环境部、外交部、经济与能源部、教育与科学研究部等。在项目执行时，则需要我国相关部委下属机构与俄各部下属机构以项目形式合作实施执行。此外，在同俄罗斯地方政府合作时，其后续的具体研究咨询工作会以合同形式邀请俄罗斯私人企业或专家直接参与，我国也应加大企业和专家参与。如此构成的政府、企业、专家多层次对俄罗斯环境合作框架，既可以形成可靠的政府间政治合作框架，也保证了项目在具体操作层面的灵活高效。

3. 坚持技术导向和俄方需求原则

对俄罗斯环境合作应以坚实的技术合作为导向，既包含工程技术，也包括法律政策等“软科学”技术。技术导向合作并不需要在合作项目中投入过多的资金资源，但可促进双方合作企业和机构获得实际技术交流、经验分享和商业机会。此外，技术合作需要紧密结合俄罗斯实际需求，特别是俄方特有的社会经济转型中遇到的环境技术制约问题。

参考文献

[1] 周国梅，国冬梅．“一带一路”生态环境蓝皮书——沿线重点国家生态环境状况报告［M］．北京：中国环境出版社，2015.

[2] 中国—东盟环境保护合作中心．“一带一路”生态环境保护——俄罗斯重要环保法律法规［M］．北京：外文出版社，2018.

[3] 张扬，魏亮，谢静，等．俄罗斯水环境管理研究［M］．北京：中国环境出版社，2017.

[4] 中国—东盟环境保护合作中心．俄罗斯废物处理法律法规与标准汇编［M］．北京：外文出版社，2018.

[5] 中国—东盟环境保护合作中心．中俄环保技术和产业合作论坛会议材料汇编［C］．北京：2017.

[6] 李霞，闫枫，朱鑫鑫．金砖国家环境管理体系与合作机制研究［M］．北京：中国环境出版社，2017.

[7] 李进峰．上合合作组织发展报告［M］．北京：社会科学文献出版社，2017.

[8] 中国—上海合作组织环境保护合作中心．上海合作组织区域和国别环境保护研究［M］．北京：社会科学文献出版社，2015.

[9] 国冬梅，王玉娟，张宁，等．上海合作组织区域和国别环境保护研究［M］．北京：社会科学文献出版社，2016.

中俄环保合作回顾与展望

谢　静　周国梅[①]

摘　要　2019年中俄两国元首签署《中华人民共和国和俄罗斯联邦关于发展新时代全面战略协作伙伴关系的联合声明》，声明指出，中俄关系进入新时代，迎来更大发展的新机遇。双方将“加强跨界水体保护、环境灾害应急联络、生物多样性保护、应对气候变化、固废处理等领域合作”。这为中俄环保合作明确了方向和目标。中俄环保合作的提质升级，也为开创新时代中俄关系注入新内涵。自2006年松花江污染事件后，成立了中俄总理定期会晤委员会环保分委会，双方每年定期轮流召开部长级分委会及工作组会议。在两国元首的关注和中俄环保分委会的统筹领导下，双方在环境领域开展了卓有成效的交流与合作，经双方共同努力，两国边境地区生态环境质量显著改善，中俄跨界水体水质保持稳定，部分水体水质明显改善，环境灾害应急联络渠道畅通有效，东北虎、东北豹等濒危珍稀物种保护工作稳步推进。双方在巩固传统合作成果的同时也积极拓展了在固废处理等领域的合作，落实两国元首在环保和可持续发展领域达成的长远共识。同时，中俄通过“一带一路”、上合组织、金砖国家等多边机制以及民间、地方环保合作共同推动区域绿色发展，切实改善区域生态环境，共建绿色“一带一路”。

关键词　中俄；环保；合作；展望

一、合作机制日臻成熟，跨国界生态环境质量显著改善

2006年，中俄总理定期会晤委员会环保合作分委会成立，开启了中俄

① 谢静、周国梅，生态环境部对外合作与交流中心。

环保合作的篇章，在两国边境地区经济、社会快速发展的条件下跨界水体水质和流域生态系统显著改善，俄方高度评价和肯定两国在环保领域的合作，这是中俄环保分委会统筹指导、中央与地方联动的成果，是跨界水体水质监测与保护、污染防治与环境灾害应急、跨界自然保护区和生物多样性保护合作机制日益成熟、双方人员不懈努力的结果。

（一）跨界水体水质联合监测在增进两国互信、促进水质改善方面发挥关键作用

一是签署合作备忘录，统筹联合监测合作机制。2006 年 2 月，中俄两国环保部门签署了《关于中俄两国跨界水体水质联合监测的谅解备忘录》，明确提出启动《中俄跨界水体水质联合监测计划》，内容涉及协商一致的监测方法与水质评价标准，包括河（湖）底泥成分及微生物评价标准、选定联合监测断面、实验室分析评价、对底泥和微生物进行联合调查分析、定期交换联合监测结果等方面。

二是持续开展联合监测，连续多年跨界水体水质保持稳定。2006 年中俄制定《联合监测计划》，明确黑龙江、乌苏里江、兴凯湖、绥芬河与额尔古纳河为联合监测对象，并在以上水体的 9 个断面开展地表水及沉积物样品的采集，其中水质联合监测项目 40 项、底泥监测项目 5 项，并对监测频次、采样方法及质量保证措施和数据交换进行了规定。因技术原因俄方单方面监测频次近年减少，但俄方高度认可中方联合监测结果，根据近年来《中俄跨界水体水质联合监测数据评估结论》，中俄所有跨界水体水质保持稳定。

三是双方启动跨界河流污染溯源和生物监测合作。2012 年启动达兰鄂罗木河研究性监测工作；2014 年启动额尔古纳河污染成因分析及信息交换工作，从水质监测与评价开始转向污染溯源，俄方日益关注有机物与重金属污染问题；2015 年开展在黑龙江及乌苏里江启动水生生物指标（叶绿素 a）的监测工作，从化学监测转向生物监测。同时，俄方对汞、镉、砷等重金属和有机污染指标差异给予高度关注，双方建立专家交流机制进行深

入技术交流，增进了彼此互信。同时，俄方关切督促我国不断改善跨国界水体水质。

（二）水污染防治与环境应急、环评合作保障两国边境生态安全

一是签署合作备忘录，建立突发环境污染事件应急联络机制。双方工作组、专家组经过多次磋商，于2008年正式签署《中俄关于建立跨界突发环境事件通报和信息交换机制的备忘录》（以下简称《备忘录》)。应急备忘录就跨界突发环境事件的界定、通报事件的等级标准、通报内容与方式、通报程序、通报语言、联络机构与联络员等做了具体规定。多年来《备忘录》发挥了重要作用，双方严格按照《备忘录》开展应急演练、测试沟通渠道以及发生突发环境事件时第一时间及时通报。

二是开展应急演练以及突发环境事件信息通报。《备忘录》签署后，中俄双方每年开展跨界信息通报环境应急演练检验双方信息联络渠道，双方还在“秸秆焚烧”“石油泄漏”等领域开展应急演练。2020年，中俄双方都实际发生了突发环境事件，根据边境生态安全管理需求，双方及时通报了突发环境事件，确保突发事件得到妥善处理，及时消除对方忧虑，获得对方肯定。未来双方将进一步就突发环境事件开展案例经验交流。

三是开展环评信息交换以及案例研究。2013年，双方就“关于起草‘相互交换可能对另一方造成跨界重大不利影响的工程项目环评信息’文件的路线图”达成共识，按照试点案例交流讨论、关键问题识别研究、合作文件起草磋商三个阶段开展工作。双方交换了输油管线类项目的环评中大气环境和地表水环境现状调查及环境保护措施的表格，召开学术研讨会，加强专家技术交流。

（三）跨界自然保护区和生物多样性保护合作取得丰硕成果

一是审议通过并实施了《中俄黑龙江流域跨界自然保护区网络建设战略》。《中俄黑龙江流域跨界自然保护区网络建设战略》的制定和实施是协商自然保护领域空间规划方案务实工作的重要先例，符合欧亚经济联盟方

案和丝绸之路经济带倡议相协调的要求。为推广已有经验，双方还决定在报告的基础上共同编制中文、英文、俄文宣传手册，并在参加《生物多样性公约》大会上发放。

二是积极落实《中蒙俄关于达乌尔自然保护区协议》《中俄关于兴凯湖自然保护区的协定》。双方各自成立国际达乌尔自然保护区混委会和中俄兴凯湖国际自然保护区混委会，多年来在该机制框架下分享了监测、宣传教育、学术交流等领域的信息和经验，合作富有成效。双方加强中俄边境地区东北虎豹的保护，在自然保护区和国家公园领域建立信息共享机制。

三是积极开展中俄边境地区自然保护区间合作，探索建立良好沟通模式。中国边境自然保护区（八岔岛自然保护区、三江自然保护区、洪河自然保护区、珲春自然保护区和汪清自然保护区）与俄罗斯边境自然保护区（阿穆尔区域自然保护区、巴斯达克自然保护区、“豹地”国家公园）开展了多年的结对合作模式，开展学生夏令营、春季候鸟迁徙监测、编制野生动植物电子图书等多种形式合作，并形成省—市—县立体式边境环保合作网络，为中俄跨界保护区生物多样性保护奠定良好的合作基础。

（四）固体废物领域合作提供新动力

近年来，中俄双方合作关系日益密切，互信程度显著增强，推动跨界水体水质和边境地区生态环境显著改善。中方提出要推动两国环保合作转型升级、互利共赢的合作模式，俄方积极响应，并提出优先学习借鉴中国固废管理经验和技术。

双方部长多次在金砖、中俄环保分委会上提出开展固废合作，并于2016 年分委会上双方商定开展固体废物处理领域的合作，2017 年启动了具体合作计划的制定和初步磋商交流。俄方高度肯定中国在固废处理方面有丰富的经验和很高的技术水平，希望中国企业能在俄罗斯市场上占领其应有的地位。中方高度重视与俄罗斯的固废合作，希望将固废合作作为拓展中俄双边环保合作领域的新起点，进一步扩大合作。

2017 年 12 月，中方政府代表团参加了第二届俄罗斯环保技术国际展览会暨论坛的“废弃物处理管理、融资和组织——国际经验”分会，介绍中国固体废弃物管理及国际合作情况。中国环境保护集团公司和中工国际工程股份有限公司作为中方企业代表联合布展，重点展示固废处理先进技术。2018 年 4 月，双方在莫斯科举办了固废研讨会，就生活垃圾处理、相关费率等议题进行了交流。2019 年 6 月，中俄博览会期间在哈尔滨举办中俄生态理事会专家研讨会暨“绿色丝绸之路”生态环保国际合作活动，中俄就中俄环境政策、大气、固废、水处理技术与环保案例等进行了广泛交流和探讨。

目前，俄罗斯固体废弃物方面的污染问题比较突出，急需政策法规、技术等方面的支撑。未来 10 年俄罗斯将系统开启固废管理改革工作，在国家项目“生态”中为重点任务，自 2019 年起 10 年之内要关闭和清理旧垃圾填埋场。固废领域合作潜力巨大，将为中俄环保合作注入新的动力，拓展合作领域，丰富合作内容。

二、借助多边及民间环保合作平台，助力中俄环保合作转型升级

中俄环保合作已经成为当前我国所有双边环保合作中，涵盖事务范围最广、举行会议频次最多、合作成效最为明显的机制之一。2014 年以来，双方一再强调“继续加强双边环保合作，并在上海合作组织、金砖国家以及《中俄关于丝绸之路经济带建设和欧亚经济联盟建设对接合作的联合声明》框架下开展环保合作，包括环保政策的信息、技术与经验的交流，以推动可持续发展”。

（一）“一带一路”框架下的环保合作——俄方积极参与和支持

2018 年 9 月，俄罗斯自然资源与生态部加入“一带一路”绿色发展国际联盟，与中方一道积极推动落实 2030 年可持续发展议程。2019 年 4 月，第二届“一带一路”国际合作高峰论坛在北京成功举行，各方一致同意推进高质量共建“一带一路”，并将共建“一带一路”同落实联合国 2030 年

可持续发展议程有效对接，统筹协调好经济、社会、环境之间的关系，走绿色、低碳、可持续发展之路。俄方积极参与和支持中方主办的“一带一路”框架下环保国际活动。双方将继续加强“一带一路”框架下的环保合作。

（二）上海合作组织环保合作——领导人高度重视的多边官方平台

2018年6月，上合组织青岛峰会期间通过了《上合组织成员国环保合作构想》（以下简称《构想》）。2019年6月，上合组织比什凯克峰会又批准了《2019—2021年〈上合组织成员国环保合作构想〉落实措施计划》。目前，俄方建议2019年9月27日在俄罗斯莫斯科举行上合组织成员国第一次环境部长会，各成员国已基本就此达成一致。未来将积极落实《构想》行动计划。中俄两国在上合组织机制下积极互动，取得了良好进展。中方积极支持俄方主办上合组织成员国第一次环境部长会议（2019年），与俄方一道继续推动上合组织框架下环保合作，共促区域可持续发展。在政策对话和技术交流方面，以我国为主举办了环保政策法规、标准、绿色发展、绿色城镇化、生态城市、信息化建设、固体废物处理等领域的系列专题研讨会和高层对话，俄方均积极参会并分享经验。

环保合作是上合组织框架下的重要合作领域之一，将在绿色丝路建设方面发挥重要作用。中俄两国在上合组织内加强协调立场，有利于加快上合组织成员国务实环保合作进程，促进区域绿色发展。

（三）金砖国家框架下环保合作——新兴经济体对话交流平台

金砖国家合作是巴西、俄罗斯、印度、中国、南非等发展中大国间的合作，是新兴经济体之间的对话，具有开创性和探索性。金砖国家环境部长会议自2015年起轮流每年在成员国召开，各方通过《金砖国家环境合作谅解备忘录》，中方建议在改善环境质量、推动绿色发展等领域开展政策对话与务实合作，重点在城市空气质量、固体废物、水环境质量等领域开展对话与合作，构建金砖国家环境智库交流平台与网络，建立金砖国家环境合作伙伴关系，构建丰富环境政策对话与合作体系，共同建设“绿色金融合作伙伴关系”，促进金砖国家国际环境公约履约合作。

环保合作作为金砖国家政治经济合作重要组成，中俄在金砖国家下加强协调和交流有助于形成区域与双边合作互补，即在区域层面加强政策对话，在双边层面推动具体合作项目，并有助于在新型发达体国家平台上的交流和分享。

（四）中俄友好、和平与发展委员会生态理事会——民间合作主渠道

中俄友好、和平与发展委员会（以下简称“委员会”）是两国元首于1997年倡议成立的民间友好组织。2015年，在俄方倡议和中方积极响应下，委员会框架下增设生态理事会。生态理事会立足于促进两国民间环保交流与合作，推动两国环保专家、科研机构、企业之间的交流，促进中俄环保合作升级，为丝绸之路经济带与欧亚经济联盟对接和绿色“一带一路”建设提供服务支撑。双方成员包括政府部门、科研机构和企业界代表等。俄方多次表示对中国生态文明和低碳发展理念非常感兴趣，希望学习中方的理念和经验，中俄双方多次召开技术研讨会，了解俄方需求，介绍中国在生态文明和低碳发展方面的理念和经验，加强生态理事会框架下的环境政策对话与绿色技术交流。

生态理事会双方积极开展环保政策和法律法规交流、专家互访等，增进交流与互信，尤其是双方企业之间的环保技术交流，分享两国在工业污染治理技术和设备等方面经验。未来应以此为抓手，继续通过生态理事会推动民间务实环保合作，协调增进两国环保技术交流和产业合作，逐步建立发挥企业主体作用的合作模式，为企业搭建合作平台，促进项目落地，为促进两国绿色发展做出应有贡献。

（五）中俄博览会框架下的环保合作——国家与地方联动平台

2014年，中华人民共和国政府批准“中国—俄罗斯博览会”为国家级、国际性大型经贸博览会，简称为“中俄博览会”，由中国商务部、黑

龙江省人民政府主办，两国副总理级领导人出席议。2017 年 6 月，在博览会期间，双方组织召开中俄环保技术与产业合作论坛。俄方介绍了俄罗斯“绿色经济”的概念、特点和任务等有关规定文件。2019 年 6 月 18—19 日，中俄博览会期间召开了中俄生态理事会专家研讨会暨“绿色丝绸之路”生态环保国际合作活动，就中俄环境政策、大气、固废、水处理技术与环保案例等进行了广泛交流和探讨。

与俄罗斯官方政府、企业、科研机构、地方政府等双多边合作为中俄环保合作转型和升级奠定了良好的基础，未来要继续延续当前中俄环保合作良好势头，紧密围绕俄罗斯的关注重点，拓展合作领域，共建绿色丝绸之路。

三、未来工作建议

环保合作是中俄全面战略协作伙伴关系的重要内容之一，加强环保合作有助于维护边境地区稳定和提升区域绿色竞争力。中俄环保合作要统筹发挥好双多边机制作用，搭建立体式、全方位合作平台，打造中俄环保合作“升级版”。具体建议如下：

第一，夯实基础，不断推进两国固体废物合作新领域。一是持续做好中俄污染防治和环境灾害应急联络、跨界水体水质监测与保护、跨界保护区和生物多样性保护等方面的合作；二是落实好《大气污染防治行动计划》和《水污染防治行动计划》要求，加大对边境地区环保管理能力建设的财政支持力度，确保跨界风险防范、环境预警和应急、污染防治等方面工作切实取得成效；三是努力推动废弃物处理、环保技术和产业方面的合作交流活动。中方应以每年召开的中俄固废研讨会为契机，进一步加强固废领域的中俄环保合作，促进企业项目落地，实现互利共赢。

第二，主动作为，服务绿色“一带一路”建设。中俄双方愿意继续开展“一带一路”领域环保合作，以落实两国元首在环保和可持续发展领域达成的长远共识。一是在丝绸之路经济带与欧亚经济联盟对接框架下进一步加强生态环保领域的统筹协调，促进两国在全球和区域环境治理中发挥更大作用；二是继续推动俄方参与绿色“一带一路”建设和共建“一带一路”生态环保大数据平台；三是推动中俄环保技术交流和产业合作示范基地和平台建设，建立政府引导、企业主体、科研机构支持的“联合走出去”新模式，为深化两国关系发展做出更大贡献。

第三，优势互补，全面推动中俄友好、和平与发展委员会生态理事会工作。生态理事会作为中俄民间生态环保领域友好交往的主渠道，对政府间环保合作发挥了重要的补充和支持作用。未来应做好以下四个方面的工作：一是进一步增进工作层沟通，积极推动召开理事会第一次全体会议；二是继续开展环保法律法规、政策措施的对话和交流；三是继续开展专家互访，互邀专家和相关行业技术人员参加研讨交流活动，促进环保经验与技术分享；四是搭建合作平台，推动双方企业建立联系并开展合作，积极推动固废领域项目合作。

第四，开拓创新，构建生态城市伙伴关系。未来中俄环保合作要将单一的跨界水合作向生态城市建设引导，加强包括固废、水、大气等在内的整个城市生态系统环保合作，与俄方合作发展生态城市伙伴关系，促进绿色基础设施建设、城市绿色发展合作，共建绿色丝绸之路，推动联合国2030年可持续发展目标的实现。

俄罗斯生态环境专题研究

下篇

俄罗斯大气环境状况分析

李　菲　王语懿①

摘　要　近年来，大气污染问题越来越受到俄罗斯政府和民众的关注。2019年年底的一项民调显示，俄罗斯民众认为21世纪面临的主要威胁之一就是空气污染。《俄罗斯2024年前国家发展目标和战略任务》中强调，要大幅降低城市大气污染水平，减少大气污染物排放量。2018年12月，俄罗斯政府发布实施国家项目“生态”，其中，大气污染防治是项目开展的重要内容之一。本文主要根据《俄罗斯联邦2018年环境状况及其保护情况国家报告》，对2018年俄罗斯大气环境质量监测数据进行分析，总结俄罗斯大气环境状况特点，包括污染程度、污染成分、污染来源、污染物空间分布等。

关键词　俄罗斯；大气；分析；合作

中俄环保合作是我国双边环保合作的重要组成部分，多年来，双方在跨界水体水质监测、生物多样性保护、环境灾害应急联络等领域密切协作，成果丰硕。近年来，随着我国大气环境治理效果不断显现，双方已在中俄环保分委会框架下探索拓展大气污染防治领域合作。为更好地服务中俄环保合作，本文根据《俄罗斯联邦2018年环境状况及其保护情况国家报告》，对2018年俄罗斯大气环境质量监测数据进行分析，总结出俄罗斯大气污染状况的特点。

---

① 李菲、王语懿，生态环境部对外合作与交流中心。

一、俄罗斯大气环境质量监测

俄罗斯联邦水文气象与环境监测局负责对大气污染状况进行常期监测。2018 年，俄罗斯在 246 个城市共设置了 667 个大气污染监测站，其中，俄联邦水文气象与环境监测局在 221 个城市共 611 个监测站完成了监测（图 1），监测内容包括常规污染物浓度、近地大气中的放射性污染及一些污染物的跨界转移与沉降情况。

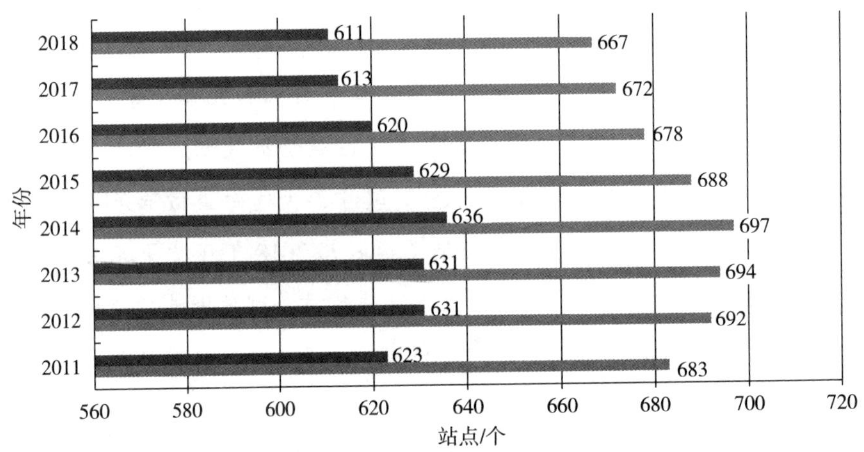

图 1　城市大气环境质量监测站点数量

（数据来源：俄罗斯联邦水文气象与环境监测局）

俄罗斯监测的常规污染物包括：①典型污染物，如悬浮物、二氧化硫、二氧化氮和一氧化氮、一氧化碳等；②特殊污染物质，如苯并［*a*］芘与甲醛等。

俄罗斯空气质量评价参数包括：

（1）大气污染综合指数（И З А）：计算多种污染物的年平均浓度值。

（2）标准指数（С И）：监测到的污染物单次最高浓度除以单次最高允许浓度，根据一个月或一年内某个监测站的某种污染物监测数据或区域内所有监测站的所有污染物监测数据确定。

（3）超出单次最高允许浓度的最大重复率（%）（Н П）：根据一年内

所有监测站对某种污染物的监测数据得出。

以上指标的不同数值范围表征了空气污染程度，见表 1。

表 1　空气污染程度与指标的关系

空气污染程度	指标值
较高	ИЗА=5～6；СИ<5；НП<20%
高	ИЗА=7～13；СИ=5～10；НП=20%～50%
很高	ИЗА ⩾ 14；СИ>10；НП>50%

除常规污染物监测，俄罗斯联邦水文气象与环境监测局利用辐射测量网对俄罗斯境内自然环境的放射性污染完成了监测。根据近 10 年来的监测结果，俄罗斯境内放射性状况没有明显变化。

二、大气环境质量

（一）整体空气质量

根据 2018 年监测数据，俄罗斯 46 个城市（21% 的常期监测城市）中空气污染程度为高或很高（大气污染综合指数 >7），60% 的城市空气污染程度较低（大气污染综合指数⩽ 5）。

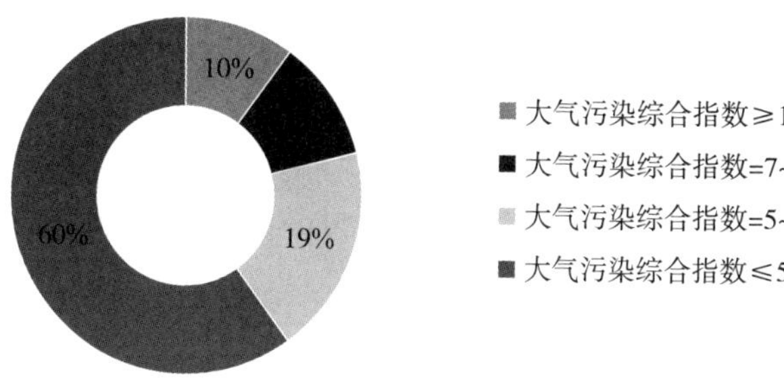

图 2　不同大气污染程度的城市数量占比

（资料来源：俄罗斯联邦水文气象与环境监测局数据）

在空气污染程度高或很高的城市中有 1 340 万居民，占俄罗斯城市人口的 12%。半数以上空气污染程度高或很高的城市位于西伯利亚联邦区。

布里亚特共和国、克麦罗沃州和罗斯托夫州各有 3 个污染程度高或很高的城市，克拉斯诺亚尔斯克边疆区有 5 个，伊尔库茨克州有 10 个。

根据俄罗斯联邦水文气象与环境监测局数据，2018 年俄罗斯城市主要污染物平均浓度见表 2。

表 2　俄罗斯城市 2018 年主要污染物平均浓度

污染物名称	城市数量	平均值 /（mg/m^3）	
		年平均值	最高浓度均值
悬浮物	223	118	861
二氧化氮（NO_2）	240	32	229
一氧化氮（NO）	168	18	194
二氧化硫（SO_2）	237	7	186
一氧化碳（CO）	226	1 043	1 338
苯并［*a*］芘 /（ng/m^3）	180	1.9	8.2
甲醛（CH_2O）	161	9	79

（资料来源：俄罗斯联邦水文气象与环境监测局数据）

整体来看，2018 年苯并［*a*］芘的年平均浓度超标 1.9 倍，其他指标的年平均浓度均在标准以内。从各个城市的污染物年平均浓度来看，2018 年污染物年平均浓度有超标情况的城市数量为 143 个，居住人口为 5 600 万。其中，悬浮物年平均浓度超标的城市 52 个，苯并［*a*］芘超标的城市 56 个，二氧化氮超标的城市 50 个，甲醛超标的城市 46 个。

从污染物单次最高浓度来看，2018 年污染物单次最高浓度超标 10 倍以上的城市为 37 个，居住人口为 1 260 万。其中，32 个城市是苯并［*a*］芘超标，4 个城市是硫化氢超标，另有 1 个城市是二氧化氮、铅等超标 10 倍以上。2018 年记录到大气污染程度高（污染物单次最高浓度超标 10 倍以上）的情况总共为 219 次。

2018 年，共有 22 个城市被列入污染程度最高的名单（表 3），涉及城市居民 510 万人。该名单中的城市大气污染综合指数大于或等于 14，属于污染最高的级别。所有重污染城市均位于俄罗斯亚洲部分，该区域地形北低南高，在冬季的气候条件下不利于污染物扩散，在一定程度上加剧了空气污染现象。

表 3　2018 年空气污染程度最高的城市及主要污染物

城市	主要污染物	城市	主要污染物
阿巴坎	苯并［a］芘、甲醛、NO_2、CO、悬浮物	新库兹涅克	苯并［a］芘、悬浮物、氟化氢、NO_2、CO
安加尔斯克	苯并［a］芘、NO_2、O_3、PM_{10}、甲醛	诺里尔斯克	NO_2、SO_2、NO、悬浮物、苯并［a］芘
巴尔瑙尔	苯并［a］芘、悬浮物、NO_2、甲醛、CO	彼得罗夫斯克	苯并［a］芘、悬浮物、NO_2、SO_2、CO
布拉茨克	苯并［a］芘、CS_2、甲醛、悬浮物、氟化氢	斯维尔克斯	苯并［a］芘、悬浮物、NO_2、SO_2、CO
济马	苯并［a］芘、NO_2、甲醛、氯化氢、CO	色楞金斯克	苯并［a］芘、O_3、甲醛、悬浮物、PM_{10}
伊尔库茨克	苯并［a］芘、悬浮物、PM_{10}、O_3、SO_2	乌兰乌德	苯并［a］芘、$PM_{2.5}$、悬浮物、PM_{10}、甲醛
伊斯基季姆	苯并［a］芘、悬浮物、NO_2、CO、炭黑	西伯利亚乌索利耶市	苯并［a］芘、悬浮物、甲醛、NO_2、SO_2
克拉斯诺雅尔斯克	苯并［a］芘、甲醛、NO_2、NH_3、悬浮物	切列姆霍沃	苯并［a］芘、NO_2、悬浮物、SO_2、CO
克孜勒	苯并［a］芘、悬浮物、炭黑、甲醛、NO_2	切尔诺戈尔斯克	苯并［a］芘、甲醛、NO_2、悬浮物、CO
列索西比尔斯克	苯并［a］芘、悬浮物、甲醛、NO_2、CO	赤塔	苯并［a］芘、悬浮物、甲醛、NO_2、酚
米努辛斯克	苯并［a］芘、NO_2、甲醛、悬浮物、CO	舍列霍夫	苯并［a］芘、氟化氢、O_3、PM_{10}、悬浮物

（资料来源：俄罗斯联邦水文气象与环境监测局数据）

所有城市中污染贡献率最高的是苯并［a］芘，主要来源于固体燃料燃烧产生的排放，其他贡献率较高的污染物还包括悬浮物、甲醛、二氧化氮、PM_{10} 等。

（二）空气质量变化趋势

根据监测结果，2014—2018 年，悬浮物的年平均浓度无明显变化，二氧化硫、二氧化氮、一氧化氮和一氧化碳的年平均浓度有所下降，苯并［*a*］芘、甲醛年平均浓度升高（表 4）。

表 4　2014—2018 年俄罗斯城市污染物年平均浓度变化趋势

污染物名称	城市数量	年平均浓度变化趋势 /%
悬浮物	208	0
二氧化氮	226	−14
一氧化氮	133	−13
二氧化硫	224	−3
一氧化碳	195	−16
苯并［*a*］芘	176	+9
甲醛	152	+4

（资料来源：俄罗斯联邦水文气象与环境监测局数据）

五年来，单个或多个污染物年平均浓度超标的城市减少了 31 个（图 5），这主要是因为 2015 年起已采用新的甲醛标准，若按照之前的甲醛标准来计算，则 2018 年污染物年平均浓度超标的城市数量为 192 个，而不是 143 个，也就是说比 2014 年只减少了 7 个。2018 年污染物最大浓度超标 10 倍以上的城市数量为 37 个，比 2014 年减少了 7 个。

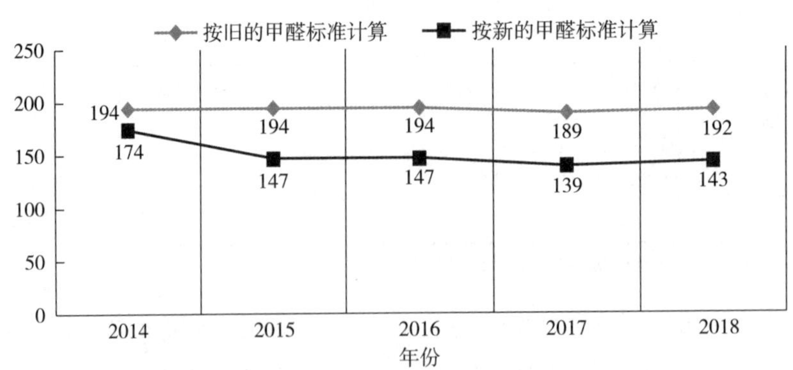

图 3　2014—2018 年污染物年平均浓度超标的城市数量

（资料来源：俄罗斯联邦水文气象与环境监测局数据）

三、大气污染物排放

（一）整体排放情况

根据《2018 年俄罗斯联邦环境状况及其保护情况国家报告》，2018 年俄罗斯大气污染物排放总量为 3 232.7 万吨（比上年增加 0.8%），其中固定污染源排放量 1 706.8 万吨（比上年减少 2.3%），移动污染源排放量 1 525.9 万吨，如图 4 所示。移动污染源排放中，汽车运输造成的大气污染物排放量为 1 510.8 万吨，铁路运输为 15.1 万吨。与 2010 年相比，大气污染物排放总量减少了 0.1%，其中固定污染源排放量减少了 10.7%，移动污染源增加了 15.3%。

从 2014 年开始，大气污染物排放总量在不断增加，且自 2012 年起，排放量分布情况有了变化，固定污染源大气污染物排放量在不断减少，而移动污染源排放量在逐年递增。

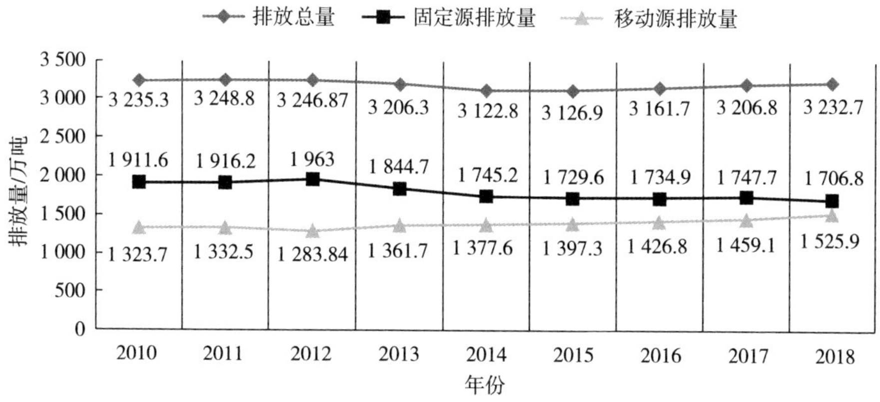

图 4　2010—2018 年固定和移动污染源大气污染物排放量

（资料来源：俄罗斯联邦统计局和联邦自然资源利用监督署数据）

2018 年固定污染源大气污染物排放量最大的是西伯利亚联邦区，达 521.68 万吨，占俄罗斯固定污染源排放量的 30.6%，随后依次是乌拉尔联邦区、伏尔加河沿岸联邦区和西北联邦区，详见表 5。

表 5　2018 年各联邦区固定污染源大气污染物排放量及占比

联邦区	固定源大气污染物排放量 / 万吨	占全俄固定源大气污染物排放量的比例 /%
西伯利亚联邦区	521.68	30.6
乌拉尔联邦区	369.21	21.6
伏尔加河沿岸联邦区	252.61	14.8
西北联邦区	182.7	10.7
中央联邦区	152.9	9
南部联邦区	109.7	6.4
远东联邦区	102.64	6
北高加索联邦区	15.33	0.9

（资料来源：俄罗斯联邦统计局和联邦自然资源利用监督署数据）

移动污染源大气污染物排放量最大的是中央联邦区，占全俄移动污染源排放量的 25.2%，随后依次是伏尔加河沿岸联邦区、南部联邦区和西伯利亚联邦区，详见表 6。

表 6　2018 年各联邦区移动污染源大气污染物排放量及占比

联邦区	移动源大气污染物排放量 / 万吨	占全俄移动源大气污染物排放量的比例 /%
中央联邦区	384.91	25.2
伏尔加河联邦区	308.08	20.2
南部联邦区	172.12	11.3
西伯利亚联邦区	170.83	11.2
乌拉尔联邦区	152.94	10
西北联邦区	142.22	9.3
远东联邦区	103.06	6.8
北高加索联邦区	92.05	6

（资料来源：俄罗斯联邦统计局和联邦自然资源利用监督署数据）

从大气污染物排放总量来看（图 5），2018 年西伯利亚联邦区排放总量最大，北高加索联邦区排放总量最小。

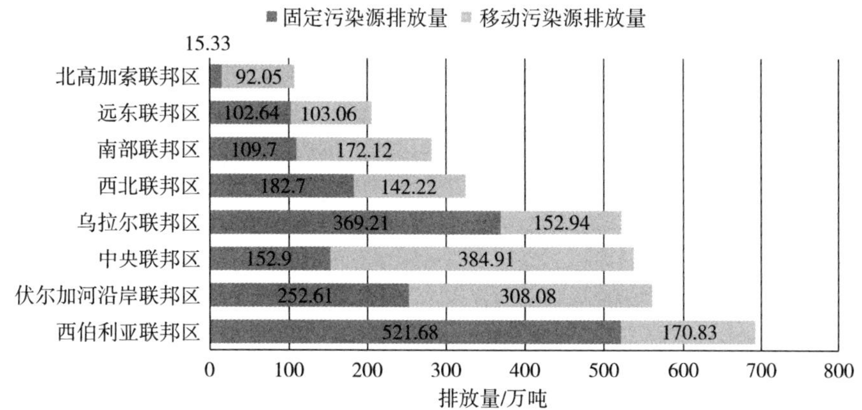

图 5　2018 年各联邦区固定和移动污染源大气污染物排放量

（资料来源：俄罗斯联邦统计局和联邦自然资源利用监督署数据）

从 2010—2018 年纵向数据比较来看（图 6），西北联邦区、北高加索联邦、乌拉尔联邦区和西伯利亚联邦区的固定污染源和机动车大气污染物排放总量均有所下降，降幅最大的是乌拉尔联邦区，从 2010 年的 645.61 万吨降至 520.27 万吨，降幅达 19.4%；降幅最小的是北高加索联邦区，为 8.4%。大气污染物排放总量有所增加的是中央联邦区、南部联邦区、伏尔加河沿岸联邦区和远东联邦区，其中，南部联邦区增幅最大，从 2010 年的 168.93 万吨上升到 279.61 万吨，增幅 65.5%；增幅最小的为中央联邦区，为 5.6%。

在固定污染源中，大气污染物主要来自于三大行业：制造加工业、矿产开发，以及电力、天然气、水资源的生产和分配，这三个行业的大气污染物排放量分别占固定污染源排放总量的 33.2%、28.1% 和 20.3%。

从污染物形态来看，2018 年固定污染源排放的 1 706.8 万吨大气污染物中约 151.9 万吨为固态物质，其余为气态和液态物质。这主要是因为近年来采取了一系列减少大气颗粒物污染的措施，包括过滤、净化处理、从源头减少颗粒物产生量等。

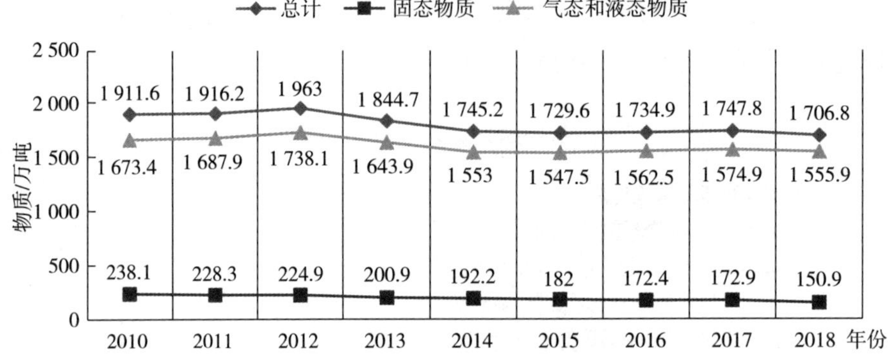

图 6　2010—2018 年固定源大气污染物排放形态

（资料来源：俄罗斯联邦统计局和联邦自然资源利用监督署数据）

（二）主要污染物排放

粉尘、二氧化硫、一氧化氮和一氧化碳是工业企业和交通排放出来的主要污染物（图 7、图 8）。

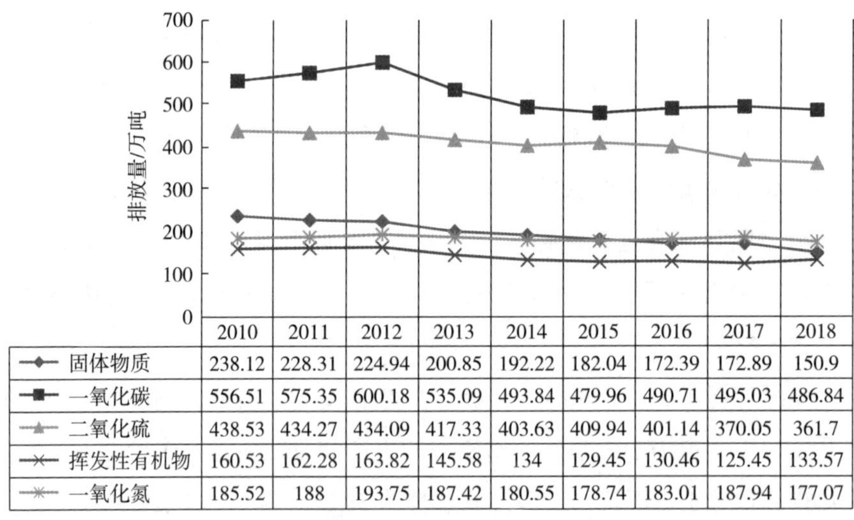

	2010	2011	2012	2013	2014	2015	2016	2017	2018
固体物质	238.12	228.31	224.94	200.85	192.22	182.04	172.39	172.89	150.9
一氧化碳	556.51	575.35	600.18	535.09	493.84	479.96	490.71	495.03	486.84
二氧化硫	438.53	434.27	434.09	417.33	403.63	409.94	401.14	370.05	361.7
挥发性有机物	160.53	162.28	163.82	145.58	134	129.45	130.46	125.45	133.57
一氧化氮	185.52	188	193.75	187.42	180.55	178.74	183.01	187.94	177.07

图 7　2010—2018 年固定源主要大气污染物排量

（资料来源：俄罗斯联邦统计局和俄罗斯联邦自然资源利用监督署数据）

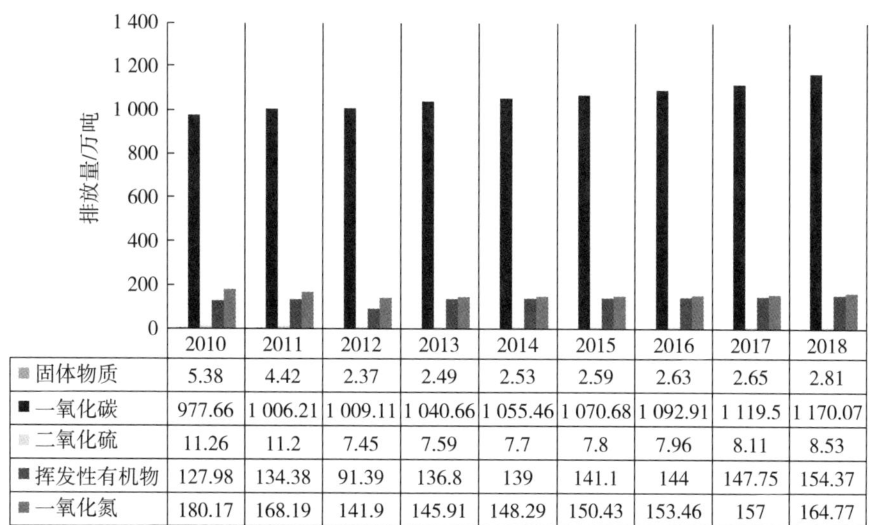

	2010	2011	2012	2013	2014	2015	2016	2017	2018
固体物质	5.38	4.42	2.37	2.49	2.53	2.59	2.63	2.65	2.81
一氧化碳	977.66	1 006.21	1 009.11	1 040.66	1 055.46	1 070.68	1 092.91	1 119.5	1 170.07
二氧化硫	11.26	11.2	7.45	7.59	7.7	7.8	7.96	8.11	8.53
挥发性有机物	127.98	134.38	91.39	136.8	139	141.1	144	147.75	154.37
一氧化氮	180.17	168.19	141.9	145.91	148.29	150.43	153.46	157	164.77

图 8　2010—2018 年机动车主要大气污染物排放量

（资料来源：俄罗斯联邦统计局和俄罗斯联邦自然资源利用监督署数据）

2018 年俄罗斯单位 GDP 主要大气污染物排放量为 362 千克 / 百万卢布（约合 33.5 千克 / 万元人民币），总体呈逐年下降趋势（图 9）。

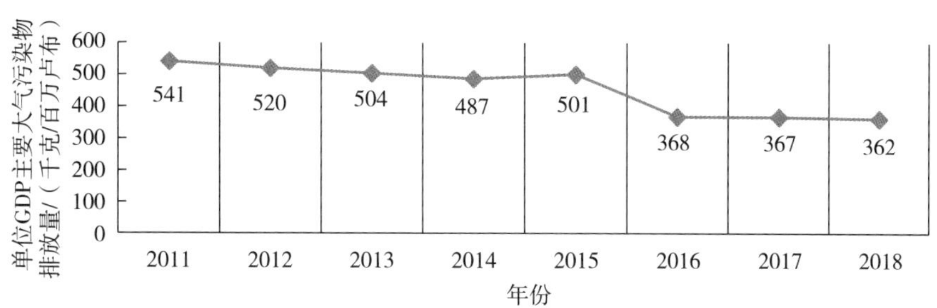

图 9　2011—2018 年俄罗斯单位 GDP 主要大气污染物排放量

（资料来源：俄罗斯联邦统计局和俄罗斯联邦自然资源利用监督署数据）

2018 年俄罗斯单位面积大气污染物排放量为 1 888 千克 / 千米 ^{2}，人均主要大气污染物排放量为 220 千克 / 人，主要大气污染物人均排放量见表 7。

表 7　2010—2018 年主要大气污染物人均排放量　　单位：kg/ 人

污染物名称＼年份	2010	2011	2012	2013	2014	2015	2016	2017	2018
二氧化硫	32	31	31	30	28	29	28	26	25
一氧化氮	26	26	24	24	23	23	24	24	24
一氧化碳	108	111	113	110	106	106	108	110	113
挥发性有机物	20	21	18	20	19	19	19	19	20
氨	0.5	0.5	0.6	0.6	0.6	0.7	0.7	0.7	0.7

（资料来源：俄罗斯联邦统计局和联邦自然资源利用监督局数据）

排放量最大的污染物为一氧化碳，2018 年其排放量占机动车大气污染物排放量的 77.4%，在固定源排放总量中的占比为 28.5%。与上一年相比，2018 年固定污染源的一氧化碳排放量（约 487 万吨）下降了 1.6%，但机动车的一氧化碳排放量（约 1 170 万吨）增加了 4.5%。

二氧化硫在机动车大气污染物排放量中的占比不到 1%，但在固定污染源排放中的占比超过 21%。近年来，固定源和机动车的二氧化硫排放量整体呈下降趋势。

2018 年挥发性有机物排放量在固定污染源和机动车排放中的占比分别为 7.8% 和 10.2%，一氧化氮排放量在固定污染源和机动车排放中的占比分别为 10.4% 和 10.9%。固体物质（如炭黑）在固定源和机动车大气污染物排放量中的占比分别为 8.8% 和 0.18%，占比虽然不高，但 PM_{10}、$PM_{2.5}$ 等对人体健康危害较大。

在重金属排放方面，重金属主要来源于工业、能源和交通排放。通过对固定污染源重金属（钒、铅、镉、汞、锰、铜、镍、铬、砷）排放的分析（表 8）表明，大部分重金属的排放量近年来呈减少趋势，但锰和铅的排放量有所增加，2018 年锰及其化合物排放量为 1 468 吨，铅及其化合物排放量约为 170 吨，比上年相应增加了 45.4% 和 107.8%。

表 8　2010—2018 年固定污染源重金属排放量　　单位：吨

污染物名称 / 年份	五氧化二钒	氧化镉	锰及其化合物	氧化铜	镍	汞	铅及其无机化合物	铬	砷及其无机化合物
2010	6 234	11.6	851	1 474	322	5.6	99.0	251	175
2011	412	11.4	900	1 535	269	3.5	94.7	104	176
2012	453	13.2	838	1 523	188	3.0	93.8	102	182
2013	422	12.7	794	1 680	107	2.8	93.7	102	158
2014	351	6.2	836	1 648	4.3	4.8	88.9	107	103
2015	287	8.6	870	1 541	5.5	4.4	86.5	103	112
2016	277	8.3	8 765	1 286	5.6	3.8	84.0	104	93
2017	270	7.2	1 009	1 231	3.6	1.4	81.5	95	90
2018	154	6.7	1 468	1 227	4.4	1.2	169.5	94.1	82.7

（资料来源：俄罗斯联邦统计局和俄罗斯联邦自然资源利用监督署数据）

四、改善大气环境质量的措施

2018 年 5 月，俄罗斯总统普京签署《关于俄罗斯 2024 年前国家发展目标和战略任务》的总统令，确定了俄罗斯在生态领域的任务与目标，其中，在大气方面 2024 年前应达成的具体目标是：降低大型工业中心的大气污染程度，要求污染最严重城市的大气污染物排放总量降低至少 20%。为落实上述目标，俄罗斯制定了名为“生态”的国家项目，其中包括“清洁空气”子项目。“清洁空气”项目旨在改善大型工业中心的生态环境状况，减少大气污染物排放，具体措施涵盖以下几个领域：

一是减少工业企业、热电企业和私营部门的大气污染物排放。根据政府要求，超过 50 家工业企业自费采取减排措施，应用最新技术和净化设备；同时，政府对相关私营部门进行煤改气，对热电企业进行现代化改造。在生产过程中，企业通过采用新技术、应用新的除尘设备、提高环保设施的运行效率等措施，达到减排效果。

二是减少机动车排放。实行推动公交车等改用清洁能源，改变交通运输结构等措施。为减少交通对环境的负面影响，2018 年，俄罗斯通过了《开发天然气发动机燃料市场规划》，推动将公路、铁路、航空、海运和河流运输改为使用燃气发动。

三是开展城市绿化工作，完善城市规划，这主要是为了加强城市的自净能力。为建设绿化带，俄罗斯大力吸引民营企业和私人资本参与，推动 PPP 模式合作。

四是完善大气环境质量和污染状况监测。为完善国家监测网络，在"清洁空气"项目支持下，拟在 59 个固定监测站点安装自动采样和测量装置，配备 7 个移动实验室，更新实验室的仪器和设备，提高大气环境质量监测数据的准确性和及时性。

为控制大气污染物排放，2019 年 7 月，俄罗斯国家杜马通过了一项法律草案，将对 12 个城市实行大气污染物排放总量控制，包括：布拉茨克、克拉斯诺亚尔斯克、利佩茨克、马格尼托戈尔斯克、梅德诺戈尔斯克、下塔吉尔、新库兹涅茨克、诺里尔斯克、鄂木斯克、切列波韦茨、赤塔和车里雅宾斯克。俄联邦自然资源利用监督局将对空气污染情况进行综合计算，确定对人体健康影响最大的污染物清单，并针对这些污染物明确排放限额。

五、结论

经过数据分析与研究，发现俄罗斯的大气污染状况主要表现出以下几个特点：

一是从污染程度看，近年来俄罗斯大部分污染物浓度总体呈现下降趋势。2014—2018 年，悬浮物的年平均浓度无明显变化，二氧化硫、二氧化氮、一氧化氮和一氧化碳的年平均浓度有所下降，其中，一氧化碳年平均浓度降幅达 16%。与此同时，苯并［a］芘、甲醛年平均浓度有所升高，增幅分别为 9% 和 4%。

二是从污染物排放量看，大气污染物排放总量总体比较稳定，从 2014 年开始每年有小幅增加，但单位 GDP 大气污染物排放量大体呈逐年降低趋势。

三是从污染物成分看，固体悬浮颗粒、二氧化硫、二氧化氮、一氧化碳等典型污染物的影响程度相对弱化，苯并［*a*］芘、甲醛、炭黑等新型污染物在城市大气污染中的作用越发凸显。所有城市中污染贡献率最高的是苯并［*a*］芘，主要来源于固体燃料燃烧产生的排放。

四是从污染物来源看，自 2012 年起，固定源的污染物总排放量逐步减少，汽车等移动污染源的排放量逐年增加。固定污染源中，制造加工业、矿产开发，以及电力、天然气、水资源的生产和分配是大气污染物的主要贡献者。

五是从空间分布看，俄罗斯亚洲区域，尤其是西伯利亚、乌拉尔和远东地区，污染现象最为典型。2018 年，俄罗斯半数以上空气污染程度高或很高的城市位于西伯利亚联邦区；污染最严重的 22 个城市均位于俄罗斯亚洲部分，该区域地形北低南高，在冬季的气候条件下不利于污染物扩散，在一定程度上加剧了空气污染现象。

参考文献

［1］Государственный доклад «О состоянии и об охране окружающей среды Российской Федерации в 2018 году». М.: Минприроды России; НПП «Кадастр», 2019. 844 с.

［2］Обзор состояния и загрязнения окружающей среды в Российской Федерации за 2018 год. Росгидромет，2019 г.

［3］Разработанный Минприроды России законопроект о квотировании выбросов и порядке проведения сводных расчетов принят Госдумой

РФ. http：//www.mnr.gov.ru/press/.

[4] 俄罗斯联邦统计局网站：https：//www.gks.ru/.

[5] 俄罗斯联邦自然资源利用监督局网站：https：//rpn.gov.ru/.

[6] 俄罗斯卫星通讯社："学者：俄罗斯应加强亚洲区净化空气的措施"，http：//sputniknews.cn/russia/201910171029853573/.

俄罗斯水环境状况分析

朱梦诗　王语懿[①]

摘　要　跨国界水体生态环保议题是绿色"一带一路"建设中的核心。中国与俄罗斯就跨国界水体生态环保建立了成熟的双边合作机制。为服务"一带一路"建设和跨国界水体生态环保的谈判磋商提供技术支撑，本文立足于《2018年俄罗斯联邦环境状况与环境保护国家报告》，研究俄罗斯跨国界主要水体和国内主要水体水质状况，对比分析2014—2018年跨国界主要水体污染物质迁移变化趋势。

关键词　俄罗斯；跨国界水体；生态环保合作；绿色"一带一路"

一、俄罗斯主要跨国界水体水质状况

俄罗斯是拥有跨国界水体较多的国家之一，与中国、挪威、芬兰、爱沙尼亚、立陶宛、波兰、白俄罗斯、乌克兰、阿塞拜疆、哈萨克斯坦、蒙古国和格鲁吉亚等12个国家都存在跨国界河流。俄罗斯关于跨界水体管理的国际法律文件之一是1992年联合国欧洲经济委员会的《跨界水道和国际湖泊的保护和利用公约》[②]。

中俄双方共同拥有黑龙江（阿穆尔河）、乌苏里江、兴凯湖、绥芬河[③]

① 朱梦诗、王语懿，生态环境部对外合作与交流中心。

② 在俄罗斯邻国中，公约缔约国有：白俄罗斯、阿塞拜疆、拉脱维亚、立陶宛、哈萨克斯坦、挪威、芬兰、土库曼斯坦、乌克兰、乌兹别克斯坦和爱沙尼亚。与俄罗斯存在跨国界水体的邻国中，除中国、哈萨克斯坦、蒙古国和波兰四国外，其他国家均是缔约国。

③ 绥芬河是流经中国东北地区和俄罗斯联邦滨海边疆区的一条跨界河流，发源于中国吉林省东部，流经黑龙江省东宁市，最后于俄罗斯滨海边疆区南部注入日本海的阿穆尔湾。

（拉兹多利纳亚河）和额尔古纳河[①]等重要跨界河流（水体），在 4 300 多千米的边境线中有 3 480 千米为水上边境线，占两国边境总长度的 80%，为世界之最。因此，跨界水体保护成为俄方关注焦点，尤其在 2005 年松花江水污染事件后，跨国界流域环境保护成为中俄环保合作重点。

2018 年，俄罗斯对 53 个水体（48 条河流、2 条支流、2 个湖泊、1 座水库）共 68 个观测站、66 个河段、71 个断面进行了观测，评估了跨界水体的水质。本文主要选取与我国相关性较高的阿穆尔河（黑龙江）和额尔齐斯河进行分析。

俄罗斯在分析地表淡水水质状况时，采用污染综合指数法，即根据监测指标的实测值和权重计算出水质综合污染指数，根据水质综合污染指数大小将水质分为以下五个等级：1 级，相对纯净；2 级，轻度污染；3 级，污染和重度污染；4 级，污浊和重度污浊；5 级，极度污浊（见表 1）。其中指数越小代表水质状况越好。

表 1　俄罗斯水质划分标准

级	类	安全指数	名称
1		<1	相对纯净
2		1 ~ 2	轻度污染
3	а	2 ~ 3	污染
	б	3 ~ 4	重度污染
4	а	4 ~ 6	污浊
	б	6 ~ 8	污浊
	в	8 ~ 10	重度污浊
	г	10 ~ 11	重度污浊
5		>11	极度污浊

① 额尔古纳河位于中国内蒙古自治区呼伦贝尔盟和俄罗斯联邦外贝加尔边疆区之间，自南偏西流向北偏东，蜿蜒在呼伦贝尔草原上。额尔古纳河和俄罗斯境内的石勒喀河交汇后形成黑龙江。

（一）阿穆尔河（黑龙江）流域

阿穆尔河（黑龙江）发源于蒙古国肯特山东麓，在石勒喀河与额尔古纳河交汇处形成。经过我国黑龙江省北界与俄罗斯远东联邦管区南界，之后以东北向穿越俄罗斯哈巴罗夫斯克边疆区，最终流入鞑靼海峡。

2018 年，阿穆尔河流域的地表水水质在大多数区域（62%）被评定为“污染”状态，部分区域（35%）水质被评定为“污浊”状态。典型污染物为铁、锰、铜、铝和有机物（化学需氧量）。阿穆尔河流域铁、锰天然本底值较高，因此铁、锰浓度偏高。在个别水域中，污染物受工业和生活污水影响明显。

在过去的 10 年中，阿穆尔斯克市河水中铁、铜和锰的含量有所下降（图 1）。2018 年，阿穆尔河及其大多数支流的化学成分特征表现为铜、铁、锰和铝的含量增加。赤塔河氮和锰的污染略有减少。 别廖佐瓦亚河有机物质（五日生化需氧量）和金属污染物有所减少。2018 年，乔尔纳亚河自谢尔盖夫卡村以下河段受哈巴罗夫斯克某住宅区污水的影响，其水质有所恶化，为“极度污浊”状态。同时，许多样品中氨氮、亚硝酸盐氮、磷酸盐、锰和有机物质（五日生化需氧量）的含量都达到了高污染或极高污染水平。锡林卡河戈尔内镇以下监测河段中，锌、铜和铁的污染水平非常高。

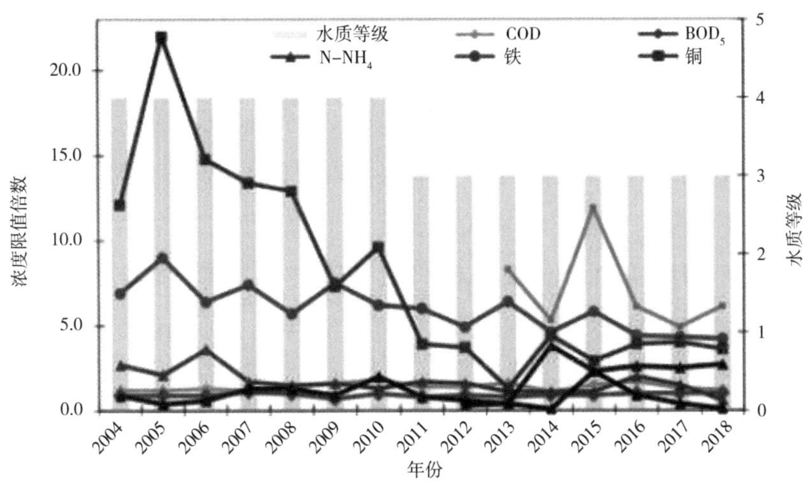

图 1　阿穆尔河（阿穆尔斯克市）河水水质等级主要污染物年平均含量变化情况

（数据来源：《2018 年俄罗斯联邦环境状况与环境保护国家报告》）

近年来，阿穆尔河某些水体污染程度是“重度污染”或“极度污浊”，2018 年水体水质情况有所改善，具体情况如下：

后贝加尔边疆区的赤塔河（汇入石勒喀河的支流音果达河，在我国额尔古纳河下游）河水多年来在赤塔市辖区内都是“污染”状态。2018 年，赤塔河氮和锰的污染略有减少。

哈巴罗夫斯克边疆区的费奥多罗夫卡村下游别廖佐瓦亚河（阿穆尔河支流霍赫拉茨卡亚河）的水质受企业污水影响，此前多年处于高度污染状态。2018 年，别廖佐瓦亚河有机物质（五日生化需氧量）和金属污染物有所减少。

谢尔盖耶夫卡村辖区内的乔尔纳亚河多年来一直是“重度污染”。2018 年，乔尔纳亚河自谢尔盖夫卡村以下河段受哈巴罗夫斯克某住宅区污水的影响，其水质有所恶化，为“极度污浊”状态。同时，许多样品中氨氮、亚硝酸盐氮、磷酸盐、锰和有机物质（五日生化需氧量）的含量都达到了高污染或极高污染水平。锡林卡河戈尔内镇以下监测河段中，锌、铜和铁的污染水平非常高。

2018 年，乌苏里流域 51.3% 河段水质为“污浊”。阿尔谢尼耶夫市影响区之内的达奇亚纳河河段水质多年来一直处于“极度污浊”状态（图 2），河内发现以下污染物的极重度污染：有机物质（五日生化需氧量）（最高达 73.5 毫克 / 升）、有机物质（化学需氧量，最高达 104 毫克 / 升）、酚（最高达 25 个最大浓度限值）、石油类（最高达 78 个最大浓度限值）、阴离子型表面活性剂（最高达 17 个最大浓度限值）、氨氮（最高达 49.5 毫克 / 升）并伴有水中溶解的氧气严重不足（最高仅 0.50 毫克 / 升）。2018 年，达奇亚纳河中石油类污染程度增加，仍处于氨氮高污染状态。2018 年，霍尔河霍尔镇以上 1.5 千米河段发现锌、铝高度污染，铜极度污染，整体水质被评为“污浊”状态。

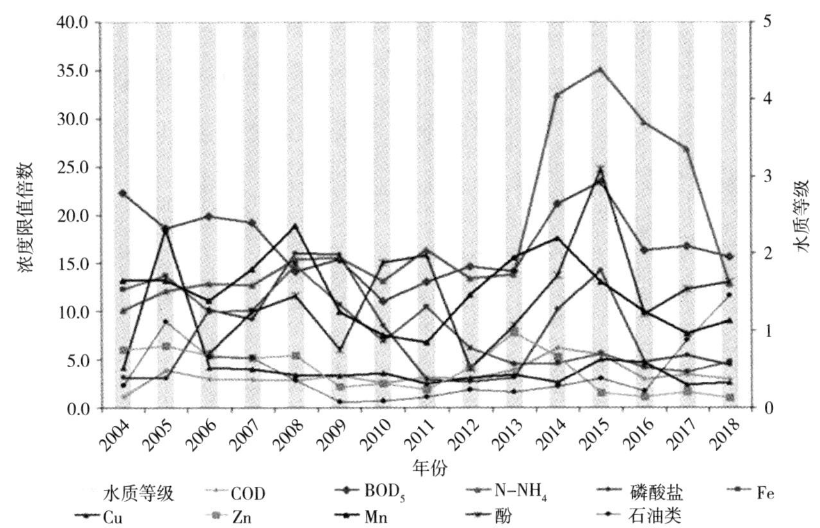

图 2　达奇亚纳河（阿尔谢尼耶夫市）河水水质等级主要污染物年平均含量变化情况

（数据来源：《2018 年俄罗斯联邦环境状况与环境保护国家报告》）

（二）额尔齐斯河流域

额尔齐斯河发源于阿尔泰山东南部，是中国唯一的北冰洋水系河流。额尔齐斯河全长 4 248 千米，流域面积 164.3 万千米^2，在中国境内全长 593 千米，出国境后流入哈萨克斯坦斋桑泊，继续北流进入俄罗斯，最后在汉特—曼西斯克城附近汇入鄂毕河。

与 2017 年相比，2018 年哈萨克斯坦与俄罗斯交界处的额尔齐斯河（鞑靼卡村）水质有所下降，由“轻度污染”恶化为“污染”的水平。在鄂木斯克地区，所有河段的水质被评定为“污染”状态，托波尔斯克市—汉提—曼西斯克市河段水质被评定为“污浊”状态。主要污染物是铜，在某些河段观测到锰和有机物质、酚、氨氮、易氧化有机物质（五日生化需氧量），铁和锌不常见。

多年来，伊谢季河水质一直很差，水质处于“污浊”和“极度污浊”状态（图 3）。主要污染物是易氧化的有机物质（五日生化需氧量）、亚硝酸盐氮、氨氮、锰、磷和锌。2018 年，伊谢季河支流米阿斯河的水质处于“污浊”状态，主要污染物是石油类、有机物质（化学需氧量）、锰、锌和铜。2018 年，图拉河右岸支流佩什马河的水质与往年一样，处于“污浊”和“极度污浊”水平，仅别拉雅尔斯基和苏霍伊洛格市河段水质有所改善，由“污浊”改善为“污染”状态。主要污染物是氨氮和亚硝酸盐氮、石油类、有机物质（化学需氧量和五日生化需氧量）、锰、铜、锌和镍。

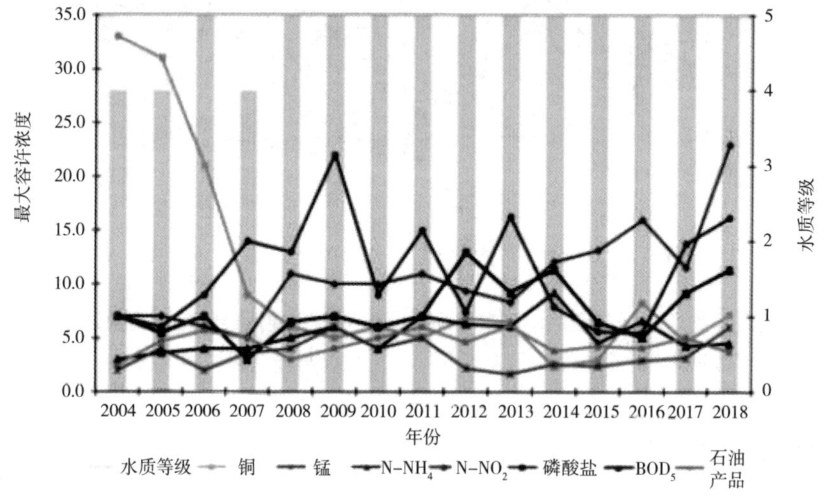

（a）叶卡捷琳堡市下游段7千米处

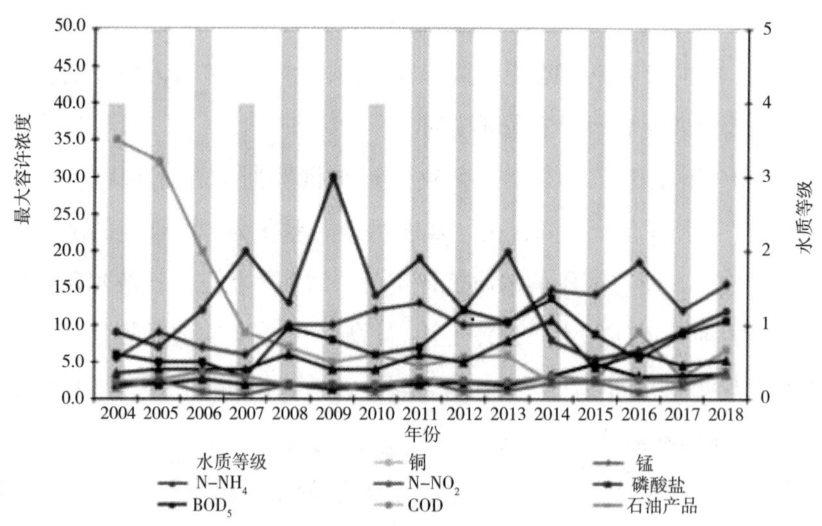

（b）叶卡捷琳堡市下游段19.1千米处

图 3 伊谢季河水质等级及其他成分年平均浓度变化情况

（数据来源：《2018 年俄罗斯联邦环境状况与环境保护国家报告》）

总体而言，额尔齐斯河在俄罗斯境内水质为“污染”状态，主要污染物为铜，个别河段还有锰和有机物质（化学需氧量）、酚、氨氮、易氧化有机物质（五日生化需氧量），铁、锌等污染物较为少见。其主要支流伊谢季河水质差，被评为“污浊”和“极度污浊”状态，主要超标污染物为易氧化有机物质（五日生化需氧量）、亚硝酸盐氮和氨氮、锰和磷锌。

（三）跨界河流主要污染物和污染迁移情况

俄罗斯联邦与周边国家跨界水体中最常见的污染物主要如下：

与挪威——镍、铜、锌、锰、汞和二硫代磷酸盐；

与芬兰——有机物质、铜、铁、汞；

与爱沙尼亚——有机物质、铜、铁、锌；

与立陶宛——有机物质、亚硝酸盐氮、铁；

与波兰——有机物质；

与白俄罗斯——有机物质、铁、铜、锰；

与乌克兰——有机物质、铁、锰、硫酸盐、主要离子、亚硝酸盐氮、石油类；

与阿塞拜疆——铜、石油类；

与哈萨克斯坦——有机物质、铜、锰、氟；

与蒙古国——有机物质、铜、锰；

与中国——有机物质、铁、铜、锰、铝。

2018 年，俄罗斯联邦边界地区水质超标的主要范围是最大容许浓度的 1 ~ 10 倍。在与挪威、哈萨克斯坦和蒙古国的跨界河流水体中监测到污染物超过最大容许浓度 50 倍的情况，分别为镍（科罗斯依奥基河、尼克利镇）、锰（乌伊河、乌斯基—乌伊斯科耶、托博尔河、兹韦里诺戈洛夫斯科耶）、易氧化和难氧化有机物总量（乌尔扎—戈尔河、索洛维约夫斯克村）。在与挪威、乌克兰、中国跨界河流水体中监测到污染物超过最大容许浓度 30 倍的情况，分别为铜（科罗斯依奥基河、尼克利镇）、亚硝酸盐氮（奥斯科尔河、沃洛科诺夫卡镇）、铜和锰（额尔古纳河、莫洛坎卡镇）、铜（额尔古纳河、库蒂村）、铝（阿穆尔河、哈巴罗夫斯克市）、铁（阿穆尔河、布拉戈维申斯克市的第一河段）、铜和锌（阿穆尔河、布拉戈维申斯克市的第二河段）。

跨界河流水体污染程度最轻的部分主要在俄罗斯西部：与挪威（帕特索约基河）、芬兰（帕特索约基河、伦德卡）、白俄罗斯（伊普特河）、乌克兰（杰斯纳河、谢伊姆河、普肖尔河）。俄罗斯联邦边界的南部污染程度最轻的河流河段主要有：特雷克河（格鲁吉亚）、萨穆尔河（阿塞拜疆）和门萨河（蒙古国）。2018 年这些河流段的水质均被评定为“轻度污染”。

跨界河流水体污染程度最重的河段主要包括：科罗斯依奥基河（挪威）、马莫诺夫卡河（波兰）、索日河（白俄罗斯）、北顿涅茨河、昆德留奇亚河、大卡缅卡河、米乌斯河和别尔哥罗德水库（乌克兰）、伊列克河、韦肖雷镇、乌伊河、托博尔河（哈萨克斯坦）、额尔古纳河、松阿察河、拉兹多利纳亚河（绥芬河）、普罗尔瓦河（海拉尔河）（中国）。2018 年以上河段水质为“污浊”状态，其余观测站水质监测结果为“污染”状态。

2018 年，75% 的水量从哈萨克斯坦（43%）和芬兰（32%）流入俄罗斯，80% 的水量从俄罗斯流入白俄罗斯（52%）和乌克兰（28%）。2018 年，跨界河流运输的化学物质数量按以下顺序依次减少（表 2）：主要离子 626.1 万吨，有机物质 46 万吨，生物元素（硅 5.81 万吨、矿物质氮 2.03 万吨、总铁 0.379 万吨、总磷 0.156 万吨），石油类 449 吨，锌 121 吨，铜 97.9 吨，酚 27.6 吨，镍 4.69 吨，总铬 917 千克，有机氯农药（DDT 为 219 千克、α－六六六为 40.3 千克）。

俄罗斯邻国中，随跨界河流进入俄罗斯的污染物各有不同。2017 年，主要离子、矿质氮、硅、总铁、铜、锌、镍化合物、总铬、石油类、酚、DDT 和 α－六六六主要来自哈萨克斯坦，有机物质主要来自芬兰，总磷主要来自乌克兰。2018 年，大部分上述化学物质随额尔齐斯河最大洪峰进入俄罗斯（31 千米^3），有机物和铜随武奥克萨河水（20.3 千米^3）进入俄罗斯，总磷随北顿涅茨河水（2.56 千米^3）进入俄罗斯，总铁随拉兹多利纳亚河（绥芬河，3.18 千米^3）进入俄罗斯，石油类随鄂嫩河（6.91 千米^3）进入俄罗斯，铬和镍随伊希姆（1.93 千米^3）进入俄罗斯。

2014—2018 年，随跨界河流水体进入俄罗斯的污染物数量从大到小依次是：随额尔齐斯河径流从哈萨克斯坦进入为主要离子（2 890 万吨）、矿物氮（5.89 万吨）、硅（33.2 万吨）、石油类（0.157 吨）、铜（429 吨）、锌（908 吨）、酚（106 吨）、DDT（621 千克）、α－六六六（163 千克），随武奥克萨河从芬兰进入的为有机物质（180 吨），通过北顿涅茨河从乌克兰进入的为总磷（0.859 吨），通过拉兹多利纳亚河（绥芬河）从中国进入的为总铁（1.24 万吨），通过色楞格河进入的为镍（99.4 吨）、六价铬（38.7 吨）。

通过对 2014—2018 年进入俄罗斯的可测定化学物质迁移量趋势进行研究，结果表明：

中国——拉兹多利纳亚河（绥芬河）：随拉兹多利纳亚河（绥芬河）从中国进入俄罗斯的有机物质、矿物氮、总磷、硅、总铁、镍和总铬迁移量最大值出现在水量充沛的 2016 年，主要离子、石油类、铜迁移量最大值出现在水量充沛的 2018 年。锌迁移量最大值出现在 2014 年（枯水年）。2015 年起，在拉兹多利纳亚河（绥芬河）流域观测到有机物质，主要离子、矿物氮、总磷、硅和铜迁移量显著上升。

哈萨克斯坦——额尔齐斯河：随额尔齐斯河径流从哈萨克斯坦进入俄罗斯的主要离子、矿物氮和有机氯杀虫剂从 2015 年起显著增加，总铁和六价铬迁移量有所下降。2016—2017 年，DDT 迁移量总体保持稳定，2017—2018 年，硅迁移量总体保持稳定。主要离子、总磷、硅、石油类、酚和 α－六六六迁移量最大值出现在 2016 年（丰水年）。

哈萨克斯坦——伊希姆河：随伊希姆河从哈萨克斯坦进入俄罗斯的硅、石油类和铜在 2014—2015 年总体保持稳定，总磷、酚和镍迁移量在 2015—2016 年总体保持稳定。由于 2017 年伊希姆河水量剧增，除有机氯杀虫剂外，其他所有化学物质迁移量都有所增加。

哈萨克斯坦——托博尔河：随托博尔河从哈萨克斯坦进入俄罗斯的有机物质从2015年起有所下降，总铁迁移量2016—2017年总体保持稳定，酚迁移量在2017—2018年总体保持稳定。主要离子、矿物氮、总磷、硅、铜和酚迁移量最大值出现在2016年（丰水年）。

蒙古国——色楞格河：随色楞格河从蒙古国进入俄罗斯的主要离子、硅、总铁、铜、锌迁移量最大值出现在2016年（丰水年）。矿物氮、石油类和酚迁移量最大值出现在水量适中的2018年，总磷迁移量最大值出现在2015年（枯水年），镍和铬迁移量最大值出现在水量适中的2014年。大多数化学物质迁移量最小值出现在枯水年：有机物质、主要离子、矿物氮、总磷、硅、酚和铜出现在2017年，总铁、石油类和锌出现在2015年。从2015年起，镍和α-六六六迁移量显著下降。

蒙古国——鄂嫩河：2018年鄂嫩河水量剧增，导致随鄂嫩河从蒙古国进入俄罗斯的化学物质有所上升。大部分化学物质迁移量最大值出现在2018年（丰水年），铜、锌和酚迁移量最大值出现在水量适中的2014年，α-六六六迁移量最大值出现在2016年（枯水年）。铜、锌迁移量从2015年起开始减少，石油类迁移量从2016年起有所上升，DDT迁移量从2017年起有所增加。石油类迁移量2016—2017年总体保持稳定。2014—2018年，只在2016年监测出镍，只在2017年检测出总铬。

格鲁吉亚——捷列克河：随捷列克河从格鲁吉亚进入俄罗斯的总磷从2016年起有所增加，铜、锌迁移量从2015年起显著下降，有机物质、总铁迁移量在2016—2018年总体保持稳定，主要离子、石油类迁移量在2014—2015年总体保持稳定。酚只在2014年检测出。主要离子、矿物氮和硅迁移量最大值出现在2016年（丰水年），有机物质、总铁、铜和锌迁移量最大值出现在2014年（枯水年）。

乌克兰——米乌斯河：随米乌斯河从乌克兰进入俄罗斯的有机物质、主要离子和总磷从2015年起显著上升，2014—2017年矿物氮迁移量总体保持稳定，锌迁移量从2016年起有所下降。有机物质、主要离子、矿物氮和总铁迁移量最大值出现在2018年（丰水年）。大部分化学物质迁移量最小值出现在 2014 年（枯水年）。

乌克兰——北顿涅茨河：随北顿涅茨河从乌克兰进入俄罗斯的有机物从 2016 年起有所增加，主要离子迁移量从 2017 年起有所增加，石油类迁移量在 2018 年有所增加，硅迁移量在 2016—2017 年总体保持稳定，铜迁移量从 2015 年起开始下降，锌迁移量从 2016 年起成倍下降。有机物质、主要离子、硅、总铁、石油类和酚迁移量最大值出现在 2018 年（丰水年）。

波兰——拉瓦河与马莫诺夫卡河：随拉瓦河与马莫诺夫卡河从波兰进入俄罗斯的化学物质数量在 2015 年（枯水年）达到最小值，在 2017 年（丰水年）达到最大值。

芬兰——帕特索约基河：随帕特索约基河从芬兰进入俄罗斯的有机物质、主要离子、硅、和石油类迁移量从 2015 年起有所增加，总铁迁移量在 2015—2017 年总体保持稳定，矿物氮和锌的迁移量从 2017 年起有所下降。α－六六六只在 2015 年检测出。

芬兰——武奥克萨河：随武奥克萨河从芬兰进入俄罗斯的总磷和铜从 2015 年开始有所增加，有机物质、矿物氮河总铁在 2016—2017 年总体保持稳定，硅迁移量从 2017 年起急剧下降，石油类迁移量在 2018 年有所上升。

二、俄罗斯国内主要河流水质状况

俄罗斯河网稠密，水资源丰富，是世界上天然淡水储量最多的国家之一，河流淡水储量占天然淡水总储量的 43.8%，但水资源时间分布不均，丰枯水季径流量差距较大。俄罗斯欧洲部分主要河流有伏尔加河、顿河等，亚洲部分主要河流有勒拿河、鄂毕河、叶尼塞河、阿穆尔河等。

总体而言，俄罗斯亚洲地区河流水质情况良好，在人口较为密集的欧洲部分水质类别为污染和污浊状态。

表 2　跨界河流输入俄罗斯化学物质数量

邻国（河流）	污水 / 千米^3	有机物 / 千吨	离子总数 / 千吨	矿化氮总数 / 千吨	总磷 / 千吨	硅 / 千吨	总铁 / 千吨	铜 / 吨	锌 / 吨	石油类 / 千吨	酚 / 吨
	2018 年	2018 年	2018 年	2018 年	2018 年	2018 年	2018 年	2018 年	2018 年	2018 年	2018 年
中国											
拉兹多利纳亚河（绥芬河）	3.18	59.1	460	4.84	0.211	17.9	3.79	12.1	16.6	0.060	4.00
哈萨克斯坦											
额尔齐斯河	31.0	379	6 261	20.3	1.13	58.1	1.23	81.9	121	0.249	27.6
伊希姆河	1.93	35.8	1 559	0.501	0.042	3.36	0.156	4.92	5.57	0.146	3.00
芬兰											
帕特索约基河	5.72	39.2	89.5	0.151	0	25.9	0.159	6.20	7.34	0.062	—
武奥克萨河	23.0	460	932	2.53	0.242	47.2	1.67	97.9	—	0.383	—
波兰											
拉瓦河	0.891	21.5	337	0.779	0.128	4.20	0.219	—	—	—	—
马莫诺夫卡	0.072	1.63	25.3	0.123	0.024	0.476	0.026	—	—	—	—

续表

邻国（河流）	污水 / 千米^3	有机物 / 千吨	离子总数 / 千吨	矿化氮总数 / 千吨	总磷 / 千吨	硅 / 千吨	总铁 / 千吨	铜 / 吨	锌 / 吨	石油类 / 千吨	酚 / 吨
	2018 年	2018 年	2018 年	2018 年	2018 年	2018 年	2018 年	2018 年	2018 年	2018 年	2018 年
乌克兰											
米乌斯河	0.215	5.03	378	0.086	0.030	0.635	0.089	0	0.072	0.018	0.096
北顿涅茨河	4.13	97.4	5 222	1.69	1.56	15.8	1.20	0.918	1.84	0.386	5.50
格鲁吉亚											
捷列克河	0.950	4.33	308	1.06	0.066	5.39	0.086	0.633	5.62	0.011	0
蒙古国											
色楞格河	9.78	287	2 090	1.39	0.196	46.4	1.15	22.2	100	0.446	12.0

注：一表示无数据。

（数据来源：《2018 年俄罗斯联邦环境状况与环境保护国家报告》）

（一）伏尔加河流域

伏尔加河位于俄罗斯西南部，是欧洲最长的河流，也是世界上最长的内陆河，被誉为俄罗斯的“母亲河”，发源于东欧平原西部的瓦尔代丘陵中的湖沼间，流经森林带、森林草原带和草原带，最终注入里海。在伏尔加河流域居住的人口为 6 450 万，约占俄罗斯总人口的 43%。伏尔加河污染主要与工业和生活污水排放有关，其中排放贡献量较大的城市有莫斯科、萨马拉、下诺夫哥罗德、雅罗斯拉夫尔、萨拉托夫、乌法、伏尔加格勒、巴拉赫纳、托里亚蒂、乌里扬诺夫斯克、切列波韦茨、卡马河畔切尔内等。

在苏联时期，伏尔加河上就建设了大量的水库，从上游到下游的主要水库有：伊万科沃什水库、乌格里奇水库、雷宾斯克水库、高尔基水库、切博克萨雷水库、古比雪夫水库、萨拉托夫水库和伏尔加格勒水库。俄水文气象与环境监测局对流域内的主要水库和部分河段进行了水质监测。总体而言，伏尔加河流域水质处于污染到污浊水平，个别河段有极重度污染情况发生。主要的超标污染物为有机物、亚硝酸盐氮、铜、铁等，个别河段污染物为酚。具体情况如下：

2008—2018 年，伏尔加河上游水库的水质一直处于“污染”水平。2017—2018 年，沃洛格达州雷宾斯克水库的水质与 2010—2016 年相比水质有所改善，由“污浊”状态改善为“污染”状态。在勒热夫市附近河段中，最典型的污染是有机物（化学需氧量）、铁、铜，锌不常见。污染物年平均浓度为最大容许浓度的 1～3 倍，除铜外，污染物最高浓度低于 10 倍最大容许浓度。伊万科夫斯基水库勒热夫市以上和特维尔市以下河段中，铜的最高浓度处于高污染水平，污染物平均浓度增加到最大容许浓度的 8～10 倍。伊万科夫斯基水库特维尔市以下的河段、乌格里奇水库乌格里市附近河段和雷宾斯克水库切列波夫采特市以下河段中均观测到铅超标情况。

伏尔加河上游水库大多数支流的水质处于“污染”与“污浊”之间。莫斯科州内河流的特征性污染物主要有难氧化有机物质（化学需氧量）、铜、铁、锌、酚，个别情况下有氨氮、亚硝酸盐氮和易氧化有机物（五日生化需氧量）。2018 年，大多数污染物的最高浓度处于最大容许浓度的 2～4 倍，其中杜布纳河中铜、铁分别达到最大容许浓度的 13 倍和 8 倍。2018 年 7 月，库尼亚河克拉斯诺扎沃茨克市以下河段中观测到水质高度污染情况，亚硝酸盐氮浓度达到最大容许浓度的 39 倍。科什塔河和亚戈尔巴河的特征是水中盐度增加，其中硫酸根离子的浓度分别为 386 毫克 / 升和 596 毫克 / 升。

切博克萨雷水库多年来的水质一直在“污染”到“污浊”的范围内浮动。大多数情况下，“污浊”的水质主要出现在科斯托沃市和下诺夫哥罗德市附近的水库地区。近四年来，下诺夫哥罗德市以下的水段水质一直被评为“污浊”。近年来，水污染最主要的指标为铜、铁和化学需氧量。2018 年，这三项指标的平均浓度分别达到了最大容许浓度的 2～5 倍、1～2 倍和 2 倍。2018 年，下诺夫哥罗德市辖区内及下游水库氨氮和亚硝酸盐氮污染发生频率增加了 50%，其最高浓度分别达到最大容许浓度的 4 倍和 9 倍（图 4）。

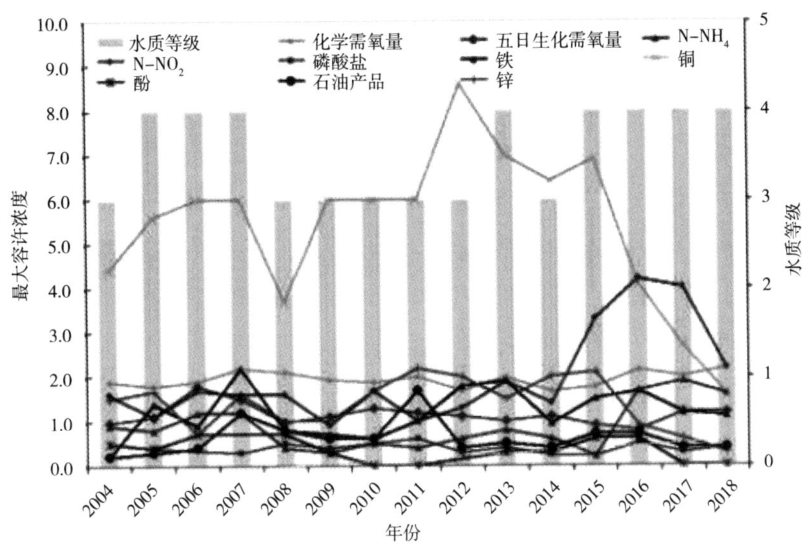

图 4　切博克萨雷水库水污染物浓度变化情况（下诺夫哥罗德市下游 4.2 千米处）

（数据来源：《2018 年俄罗斯联邦环境状况与环境保护国家报告》）

多年来，伏尔加河中游的古比雪夫水库和萨拉托夫水库的水质一直处于“污染”状态。2018 年，古比雪夫水库三个河段（喀山市以上河段、喀山市以下河段、科兹洛夫卡市内河段）的水质被评估为“污浊”水平；萨拉托夫水库萨拉托夫市河段上的水质状态为“污浊”，差于前 10 年的指标。

2010—2018 年，伏尔加河下游伏尔加格勒水库及伏尔加格勒市辖区内伏尔加河的水质一直处于“污染”状态。2018 年，其水库和河流的观测结果显示，化学需氧量达到最大容许浓度的 2 倍，铜达到最大容许浓度的 3 倍，锌达到最大容许浓度的 1 ~ 2 倍，亚硝酸盐氮、石油类和酚的浓度周期性超过最大容许浓度的 2 倍。

2009—2018 年，伏尔加河下游（阿斯特拉罕市下游）的水质一直被评为“污浊”。特征性污染物的清单主要包含 11 种污染物：有机物质（化学需氧量和五日生化需氧量）、氨氮、亚硝酸盐氮、酚、石油类、铜、铁、锌、锰和钼。其中，有机物质（化学需氧量和五日生化需氧量）平均浓度在 1.5 ~ 2 倍和 1.2 ~ 2 倍最大容许浓度之间浮动。亚硝酸盐氮在 2011 年和 2018 年的平均浓度均达到 2 倍最大容许浓度以上。氨氮的年均浓度近年来一直低于最大容许浓度。石油类对水的平均污染程度在 2006—2010 年、2013 年和 2014 年达到最大容许浓度，其余年份达到最大容许浓度的 2 ~ 4 倍。铜的污染在 2008 年有所增加，最高达到最大容许浓度的 9 倍，随后几年逐渐减少，分别为最大容许浓度的 5 ~ 6 倍和 3 ~ 4 倍。长期来看，铁的浓度有所下降，降至 1 ~ 1.5 的最大容许浓度，酚和锌均在 1 ~ 2 倍最大容许浓度范围内，氨氮一直处于最大容许浓度标准之下（图 5）。

（二）鄂毕河流域

鄂毕河上源为中国境内的额尔齐斯河，属北冰洋水系。鄂毕河位于西伯利亚西部，是俄罗斯第三大河。鄂毕河蓄水区最典型的特征为沼泽密布（特别是下游河段）。总体而言，鄂毕河流域水体水质大部分处于“污浊”水平，主要污染物为有机物（化学需氧量）、石油类、氨氮、亚硝酸盐氮、铁、铜、锌、锰。

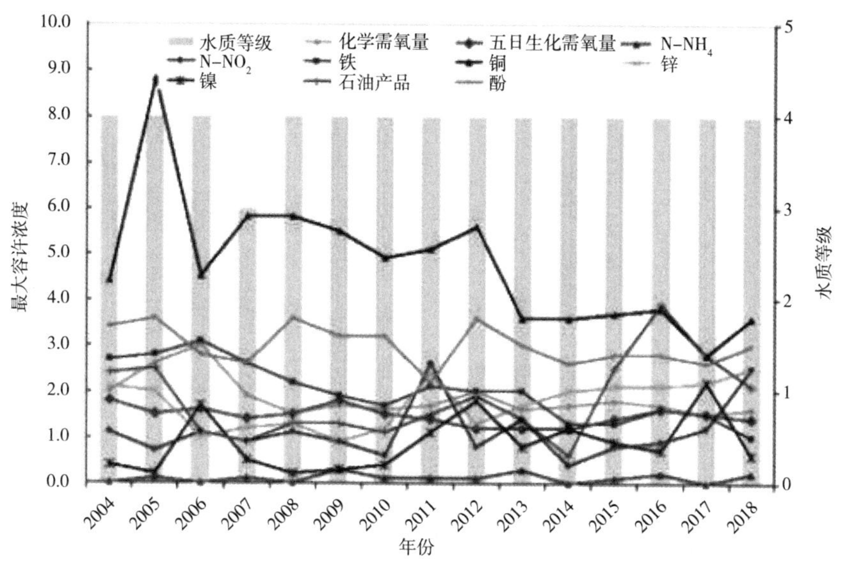

图 5　伏尔加河（阿斯特拉罕市下游）水污染物浓度的变化情况

（数据来源：《2018 年俄罗斯联邦环境状况与环境保护国家报告》）

2018 年，鄂毕河上游福明斯科耶村至鄂毕河畔卡缅市（阿尔泰边疆区）河段水质仍被评为“污染”。该河段的典型污染物是铁和石油类。与 2017 年相比，2018 年鄂毕河中游和新西伯利亚水库（托木斯克州、新西伯利亚州）水质进一步恶化，大多数监测断面水质处于“污浊”状态，其主要特征污染物为酚、石油类、锰、铁、锌、铜和铝。2018 年，鄂毕河下游下瓦尔托夫斯克市至萨列哈尔德河段大部分断面水质状态处于“污浊”，锰、铁和锌都达到了临界污染水平，鄂毕河十月镇河段水中溶解的氧气严重不足，最低含量降至 0.90 毫克 / 升（图 6）。

鄂毕河支流波卢伊河下游多年来水质都比较差，2018 年，其水质被评为“污浊”，典型污染物为铜和有机物（化学需氧量）；铁、锌和锰都达到临界污染水平。在萨勒哈德市，水中溶解的氧气严重不足，其最低含量降至 1.60 毫克 / 升。新西伯利亚市辖区内一些支流的水质一直很差。2018 年，下叶利佐夫卡河、卡缅卡河、图拉河、卡梅申卡河、普柳希哈河、第一叶利佐夫卡河、第二叶利佐夫卡河的水质均为“污浊”。在所有河流中，锰（石油类、锌、氨氮、亚硝酸盐氮）都达到了临界污染水平。

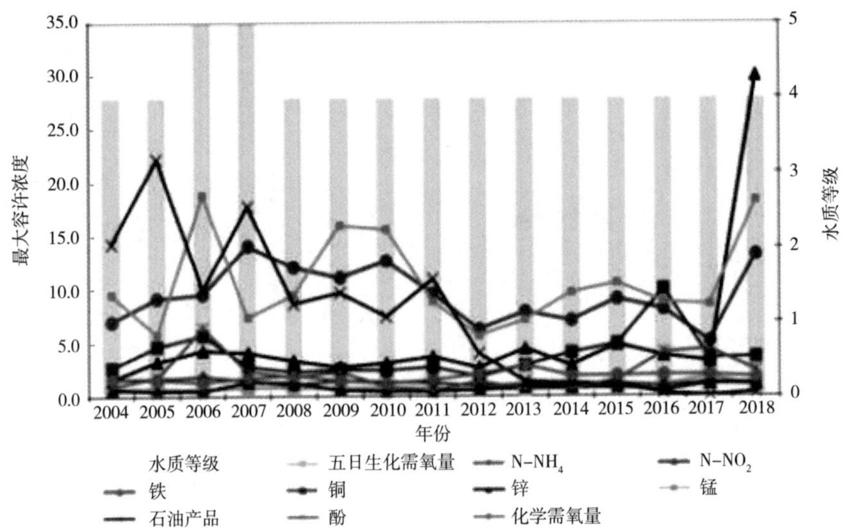

图 6　鄂毕河（萨列哈尔德市下游段）水质指标等级及其他成分年平均浓度变化情况

（数据来源：国家报告《2018 年俄罗斯联邦环境状况与环境保护》）

（三）顿河流域

顿河为俄罗斯欧洲部分的第三大河，源起中俄罗斯丘陵东麓，曲折东南流，后折向西南，经森林草原带和草原带，注入亚速海的塔甘罗格湾，长 1 870 千米，流域面积 42.2 万千米 ^{2}。

近年来，顿河水质一直徘徊在“轻度污染”和“污浊”之间，2018 年，其水质有所恶化，仅一处河段水质被评为“轻度污染”。

顿河上游顿斯科伊河段和下游罗斯托夫河段仍然是污染最严重的地区，水质状态被评为“污浊”。2018 年，顿河顿斯科伊河段中铁和铜的含量分别增加到最大容许浓度的 3 倍和 4 倍；其最大浓度分别达到最大容许浓度的 9 倍和 9.5 倍；在该河段中，水中溶解氧的模式有所改善，其最低浓度未降至 4.42 以下。有机物质（化学需氧量和五日生化需氧量）、酚、氨氮、亚硝酸盐氮、硫酸盐、磷酸盐的含量变化不大，平均浓度未超过 1 ~ 5 倍最大容许浓度。顿河上游沃罗涅日河段断面水质被评为“污染”。总体来看，顿河上游大部分地区典型水污染物主要是有机物质和铜，在某些监测断面中主要污染物为铁和亚硝酸盐氮，其平均年浓度达到最大容许浓度的 1 ~ 3 倍。

2018 年，顿河中游喀山站—卡拉奇市地区水质被评为“污染”，其特征污染物是有机物质（五日生化需氧量和化学需氧量）、铁和铜、氨氮。2018 年，喀山地区河段中亚硝酸盐氮的年均浓度降低了 3 倍。

顿河下游水质被评为“污浊”。2018 年，在该地区观察到的污染物数量有所增加，由 8 种增加到 9 ~ 10 种。对于河流的河口段，典型的污染物仍为有机物质（五日生化需氧量和化学需氧量）、石油类、硫酸盐。在大多数监测断面中增加了铁，在个别断面增加了铜和亚硝酸盐氮。2018 年，在科卢扎耶沃和罗斯托夫河段铜和铁的最大浓度分别达到最大容许浓度的 7 倍和 24 倍。

（四）叶尼塞河流域

叶尼塞河是俄罗斯水量最大的河流，是俄罗斯流入北冰洋的三大西伯利亚河流之一。位于亚洲北部，起源于蒙古国，朝北流向喀拉海，其流域范围包含了西伯利亚中部大部分地区。若以色楞格河—安加拉河为源头计算，全长 5 539 千米，是世界第五长河。总体而言，叶尼塞河流域水质为“污染”至“轻度污染”水平，主要污染物为锌、铜、锰、有机物质（化学需氧量）、氯化物和硫酸盐。部分支流水质较好，为 1 级“相对纯净”。

2018 年，叶尼塞河中上游即克拉斯诺亚尔斯克边疆区、图瓦共和国和哈卡斯共和国境内 78% 河段的水质为“污染”状态，切廖穆什基和萨彦诺戈尔斯克市主要河段为“污染”状态，阿巴坎市主要河段为“轻度污染”状态。叶尼塞河下游季夫诺戈尔斯克市和伊加尔卡市两地主要河段水质仍处于“污染”状态。

叶尼塞河大部分支流 2018 年的水质状态为“污染”，布济姆河、伊尔巴河、卡恰河、下通古斯卡河和希拉湖水质状态均为“污浊”，其中，下通古斯卡河中的锌和铜含量、布济姆河与卡恰河中的锰含量、希拉湖中铜、有机物质（按化学需氧量计算）、氯化物、硫酸盐含量已达到临界水平。

多年来，布拉茨克水库和乌斯季—伊利姆斯克水库的水质较好，其区段水质在“相对纯净”和“轻度污染”的范围内波动。2018 年，乌斯季—伊利姆斯克水库的埃涅尔格季克镇和乌斯季伊利姆斯克市河段水质略有恶化，达到“轻度污染”状态。乌斯季维霍列瓦村和伊吉尔马镇河段水质为“污染”状态。

2018 年，维霍列瓦河在维霍列夫卡市和切卡诺夫斯基镇地区的河段水质处于“污染”状态，而科布里亚科沃村的河段水质处于“污浊”状态。河段中主要污染物是酚、有机物质（化学需氧量和五日生化需氧量）和氨氮，其中维霍列瓦河科布里亚科沃村河段中氨氮、有机物质（化学需氧量）和水溶性硫酸盐木质素的浓度处于临界水平。

三、主要结论

（1）俄罗斯阿穆尔河流域大部分区域（62%）的地表水水质为“污染”状态，部分区域（35%）水质为“污浊”状态。典型污染物为铁、锰、铜、铝和有机物（化学需氧量），在个别水域中，污染物受工业和生活污水影响明显。

（2）在跨界河流中，水体污染程度最轻的部分主要在俄罗斯西部，污染情况最严重的是与挪威、哈萨克斯坦、蒙古国、乌克兰的跨界河流水体，其中与哈萨克斯坦的跨界河流水质状况最差，主要超标污染物有：主要离子、矿质氮、硅、总铁、铜、锌、镍化合物、总铬，石油类、酚、DDT 和 α－六六六。

（3）从流域来看，伏尔加河流域、鄂毕河流域和阿穆尔河流域河流污染程度较重；从地区分布看，俄罗斯欧洲部分人口较为密集地区的河流污染程度最重，如伏尔加河流域水质处于污染到污浊水平，个别河段有极重度污染情况发生。主要的超标污染物为有机物、亚硝酸盐氮、铜、铁等。

（4）俄罗斯主要河流水质“相对纯净”和“极度污浊”的断面比例

少，“污染”至“污浊”断面占比较大，水质类别分布呈“两头少，中间多”趋势，不同地区河流超标污染物有所不同，以有机污染和重金属污染为主，大部分河流主要污染因子为氮和磷等营养盐类，呈现显著的生活污水特征。

参考文献

［1］2018 年俄罗斯联邦环境状况与环境保护国家报告 . 俄罗斯联邦自然资源与生态部 .

［2］国冬梅 . 跨国界流域环境问题研究［M］. 北京：中国环境科学出版社，2011.

俄罗斯固体废物管理分析

朱梦诗　王语懿[①]

摘　要　为应对固体废物处理的严峻形势和其他环境问题，2019年俄罗斯正式启动国家项目“生态”，开始进行“垃圾革命”。此次改革在废物产生上游引入最佳可行技术，编制技术指南，注重源头管理，推动废物减量化。同时，利用大数据和地理信息技术，建立固体废物处理地理信息数据库，推动废物处理过程信息化。

对于医疗废物，俄罗斯以立法形式保障其回收，按照危险类别实施分级管理，强化专人负责制，管理要求注重细节和对工作人员的保护。但是，由于近年来主管部门职能改革与更迭，医疗废物处置及监管环节存在明显短板。

固体废物处理是2016年中俄总理定期会晤委员会环保合作分委会第十一次会议确定的一个新的合作领域。为落实双方部长倡议，近年来，中俄双方多次在双边和金砖、上合组织等多边框架下及相关国际研讨会上进行交流并推动该领域合作。目前，俄罗斯处于固体废物处理领域的改革过程中，医疗废物管理体系有待完善。同时，我国也较为关注固体废物处理领域，正探索构建“无废城市”，特别是在医疗废物处置方面，突发疫情的考验下，也亟须与国外开展互学互鉴。

本文将介绍俄罗斯固体废物处理现状、相关法律法规最新修订内容，分析俄罗斯固体废物领域改革最新进展及面临的问题，梳理俄罗斯医疗废物领域相关政策做法。

关键词　固体废物；国家项目“生态”；医疗垃圾

① 朱梦诗、王语懿，生态环境部对外合作与交流中心。

一、俄罗斯固体废物处理现状

俄罗斯对固体废物实施分级管理，按照对环境的危害程度，固体废物被划分为五级，其对环境危害程度逐级递减：第Ⅰ级“极度危险废物”、第Ⅱ级“高度危险废物”、第Ⅲ级“中度危险废物”、第Ⅳ级“轻度危险废物”、第Ⅴ级“无危险废物”。分级制度在俄罗斯固废处理领域具有重要意义。1998 年以后几乎所有的相关法律法规和统计报告都基于这一划分标准。

表 1　俄罗斯固体废物分级表

环境危害程度	废物类型
第Ⅰ级	含重度有毒物质的有机物和矿物，汞
第Ⅱ级	含铅废物，废旧蓄电池及其他电池，被无机酸、碱污染的容器
第Ⅲ级	技术设备清洗时产生的垃圾，工业用水过滤类废物，机械废水处理沉积物
第Ⅳ级	建筑垃圾，沥青及沥青混合物的残渣，大型生活垃圾，碎石混凝土，畜牧业、家禽业废物，被石油产品污染的棉滤布，煤炭燃烧残渣，硅铝氧化物，聚乙烯薄膜类，被无机垃圾污染的聚合物材料混合物
第Ⅴ级	易腐有机渣，玻璃、砖块、建筑构件、瓦砾等，各类纸张，木头，锯末，刨花，生活垃圾，废金属，种植业废弃物，电缆，聚丙烯薄膜类

解决生产和消费废物造成的环境影响是当前俄罗斯面临的严峻任务。对此，俄罗斯联邦总统普京强调，务必确保Ⅰ级、Ⅱ级危险废物处理的安全性，提出建立市政固废处理循环经济，以减少废物填埋量和提高回收利用率。根据自然资源利用监督局的数据，2018 年俄罗斯固体废物生成总量多、增幅大，回收利用率依旧偏低，Ⅰ级危险废物无害化比例比上年有所提高，市政固废亟待实施资源化处理。

（一）固体废物生成总量多，增幅大

根据俄罗斯自然资源利用监督局的数据，2018 年，俄罗斯境内共产生了 72.66 亿吨废物。而 2010 年这一数字为 37.35 亿吨，8 年间增长幅度

高达94.5%。其中，Ⅴ级和Ⅳ级危险废物，占俄罗斯固体废物总量的绝大部分。2018年，Ⅴ级危险废物的数量为71.38亿吨，占废物产生总量的98.24%；Ⅳ级危险废物的数量为1.07亿吨，占废物产生总量的1.48%；Ⅲ级、Ⅱ级、Ⅰ级废物的数量分别为2 040万吨、27万吨和2万吨，占比分别为0.281%、0.004%和0.000 3%，具体见图1。

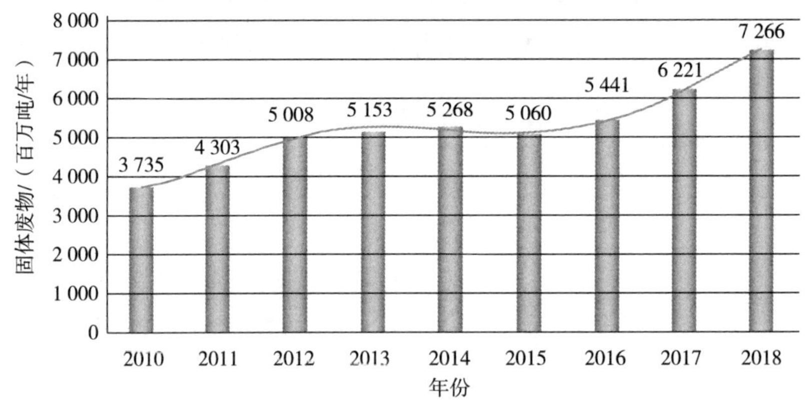

图1　2010—2018年固体废物产生量变化及趋势

从废物生成量的地区分布来看，2018年废物生成量最多的地区是西伯利亚联邦管区，占该国总量的71%，这主要与其矿产资源的开采有关，该区克麦罗沃州有著名的库兹巴斯煤矿产区，具体见图2。

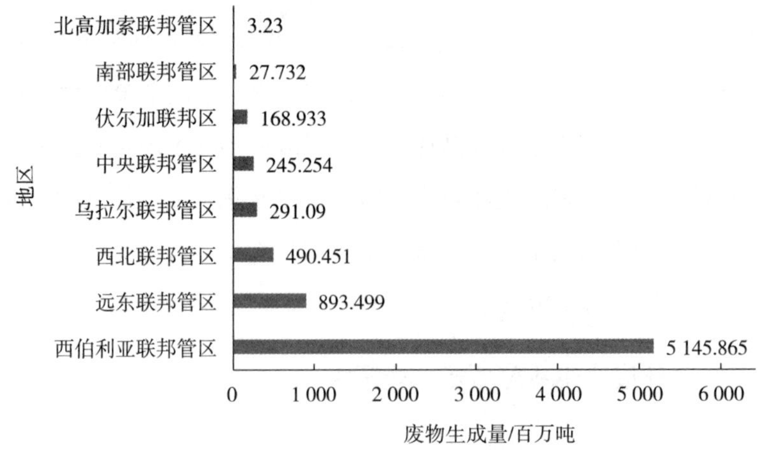

图2　2018年各联邦区废物生成量

（二）固体废物回收利用率较低

2018年，俄罗斯生产和消费废物回收利用总量为38.05亿吨，占总量的52%，比上年提高17%。回收利用总量中二次使用量为24.39亿吨，占回收总量的64.1%。回收利用总量中市政固废共5 390万吨，占总量的0.74%，市政固废的主要处理方式是填埋，加工处理比例仅为10%。总体来说，回收利用率仍偏低。

从废物分类来看，利用率最高的是Ⅴ级危险废物，2018年其回收利用总量达37.06亿吨，占已利用废物总量的97.4%；Ⅳ级危险废物回收利用总量为0.84亿吨，占比2.2%；Ⅲ级危险废物为0.15亿吨，占比0.4%，Ⅱ级和Ⅰ级危险废物为17.4万吨，占比0.000 04%。在回收的Ⅳ级危险废物中，有77.9%得到再次利用，主要包括钻井液、钻屑、高炉渣、转炉渣、炼钢炉渣等。

2018年，俄罗斯无害化处理的总量为131.93万吨，比上年减少16%。在2018年无害化总量中，Ⅳ级危险废物中占比最高，为63.3%，达833.7万吨。在Ⅰ级危险废物中，36.03%进行了无害化处理，比2017年提高6%，在各级危险废物中无害化处理比例最高，其中汞灯、汞—石英灯、荧光灯等灯具的脱汞处理占Ⅰ级危险废物无害化处理总量的89.5%。Ⅴ级危险废物的无害化处理比例最低，在Ⅴ级危险废物中得到无害化处理的比例为0.01%[①]。

（三）跨境转出量大于转入量

俄罗斯是《控制危险废物越境转移及其处置巴塞尔公约》缔约国之一。在巴塞尔公约框架下越境转移处置危险废物工作由俄罗斯自然资源监督局负责。废物的跨境转移包括从国外进口、向其他国家出口以及在俄罗斯联邦境内的转移，涵盖以废物为原料的进出口业务和为废物接收、处置提供的服务。

---

① 数据来源于俄罗斯自然资源与生态部官网：国家报告《关于2018年俄罗斯联邦环境状况与环境保护》。

2018年，废物进口量比2017年增加434.5%，危险废物出口量为26.82万吨，比2017年增长139.3%。2010—2017年，在出口废物总量总体呈下降趋势下，2014年出口废物总量最大。2018年，出口废物总量约为进口废物总量的4.6倍。

表2 转移出入境废物总量[①]

年份 危险废物/万吨	2012	2013	2014	2015	2016	2017	2018
进口废物总量	88.22	66.00	45.00	30.8	—	1.10	5.88
出口废物总量	59.75	74.60	272.39	47.54	—	11.21	26.82

二、俄罗斯废物管理法律法规的修订和完善

俄罗斯关于废物管理的法律法规主要包括《关于生产与消费废物》联邦法、《联邦废物分类目录》和相关政府决议等。近年来，俄罗斯不断修订完善废物管理的法律法规，并运用生态税等经济手段促进固体废物回收利用。

（一）修订联邦法《关于生产与消费废物》

第89号联邦法《关于生产与消费废物》是俄罗斯针对固体废物的法律法规基础。该联邦法于1998年颁布，而后进行了数次补充与修订。近年来，俄罗斯对《生产和消费废物》联邦法进行的实质性补充与修订，主要体现在以下几点：

一是废物处置下放私营企业。进一步明确废物收集、废物处理、无使用价值的商品废物等主要概念，引入市政固废运营商的概念。

二是地方政府主导固废改革。针对生产商和进口商的商品包装等问题规定了联邦政府的权责，明确各联邦主体以及地方自治机关的管理权限，并要求各地方制定区域废物处理方案。

① 数据来源于俄罗斯自然资源与生态部官网：国家报告《关于2018年俄罗斯联邦环境状况与环境保护》。

三是明确废物管理细则。针对固体废物的收集、运输、无害化处理及贮存等问题进行修订，比如新增 13.4 条款，明确规定对废物堆放地点的要求，指出废物堆放地登记表应包含哪些信息，规定废物要严格分类堆放。

四是引入生产商与进口商责任延伸制。针对生产商和进口商的商品废弃包装回收利用问题进行相关条款的增补，以便从源头控制包装废弃物的产生，实现固体废物减量。

（二）征收生态税

采取激励和优惠政策等经济手段也是近年来俄罗斯固废领域法律法规修订的重点之一。生态税就是一个典型的例子。为促进固体废物回收利用，2017 年俄罗斯开始正式征收生态税。生态税与已有的环境污染费概念不同，环境污染费早在 2002 年就开始在俄罗斯实行，征收对象是所有排放废气、废水和固废等污染环境的企业。生态税的征收对象则是生产商和进口商。根据联邦宪法规定，生产商只需为商品本身支付生态税，而进口商需要为商品本身和包装支付生态税。对于从俄罗斯出口的商品及其包装则无须支付任何生态税。

生态税的收支管理机构主要是俄罗斯自然资源与生态部下辖的联邦自然资源利用监督局。征收的生态税主要应用于保障实施环境保护有关的各项国家计划。生态税的计算公式如下：

$$ЭС = С \times Т \times Н$$

ЭС——生态税总额；

С——生态税定额，即每吨商品征收多少卢布；

Т——商品未经回收部分的重量[①]；

Н——法定回收标准（百分数）。

随着垃圾处理技术的不断完善，企业自身回收处理废旧电池的能力和数量也会日益提高，所以，联邦决议中规定的法定回收率是动态上升的：

① 2015 年 12 月 28 日通过的第 1342 号联邦决议，http：//docs.cntd.ru/document/420323608。

以铅蓄电池为例，2018 年法定回收标准为 15%[①]，2019 年为 18%[②]，2020 年为 20%[③]。因此，如果其他条件不变，该企业自身回收处理废旧铅蓄电池能力提高幅度越大，其需要缴纳的生态税越少。

三、俄罗斯固体废物领域改革最新进展及存在的问题

（一）俄罗斯固体废物领域改革最新进展

1. 顶层设计基本完成，量化细化任务目标

为应对俄罗斯固体废物处理的严峻形势和其他环境问题，2019 年，俄罗斯正式启动国家项目“生态”[④]。该项目是为改善俄境内环境状况而制定的综合解决方案，实施周期为 5 年（2019—2024 年），总预算 40 410 亿卢布共包括 11 个子项目[⑤]，涉及固体废物、水、空气、技术、生物多样性和森林保护等 5 个关键领域，6 个具体目标（表 3）。

表 3　国家项目“生态”的目标

1	有效处理生产和消费废物（包括取缔 2018 年 1 月 1 日前统计的所有市内违建垃圾场）
2	大幅减少大型工业区空气污染水平，重污染城市大气污染物排放至少减少 20%
3	改善居民饮用水的质量，包括未安装现代集中供水系统的居民点
4	改善水体生态，包括伏尔加河、贝加尔湖、捷列茨科耶湖等独特水体
5	保护生物多样性，包括至少建立 24 个新自然保护区
6	2024 年前，100% 再生损毁森林

① 2015 年 12 月 28 日通过的第 1342 号联邦决议，http：//docs.cntd.ru/document/420323608。

② 同上。

③ 同上。

④ 国家项目“生态”总预算为 40 410 亿卢布，其中联邦财政预算 7 012 亿卢布，各联邦区财政预算 1 338 亿卢布，非财政预算 32 061 亿卢布。

⑤ 《清洁国家》《固体市政垃圾综合处理系统》《第Ⅰ～Ⅱ类废物处理基础设施建设》《清洁空气》《清洁水》《伏尔加河改善》《贝加尔湖保护》《独特水体保护》《生物多样性保护与生态旅游发展》《森林保护》《最佳可行技术引进》。

固体废物处理是该项目的优先领域之一。该项目提出五项任务就固体废物处理领域改革进行量化、细化。

表 4　国家项目“生态”的固废领域任务

1	逐步取缔 2018 年 1 月 1 日前统计的 191 个城市违建废物场，并在 2024 年前将其土地恢复正常化，其中，2019 年目标是取缔 16 个，2021 年累计取缔 76 个，2024 年累计取缔 191 个
2	逐步取缔 75 个极度危险的生态危害建筑，2019 年累计取缔 48 个，2021 年累计取缔 67 个，2024 年累计取缔 75 个
3	2024 年年底引入第Ⅰ～Ⅱ类废物回收利用和无害化处理的综合技术设备，共 7 个
4	逐步提高市政固废利用比例，2019 年利用比例提高至 7%，2021 年提高至 22.8%，2024 年提高至 36%
5	逐步提高市政固废回收比例，2019 年市政固废回收比例提高至 12%，2021 年提高至 38%，2024 年提高至 60%

2. 引入最佳可行技术，编制信息技术指南

最佳可行技术主要应用于工业领域，其中“最佳”并不一定代表最高精尖的科技，它指的是对生态环境危害程度最小的技术，“可行”是指从经济成本来看最为划算和最有效益的技术，同时，“技术”也不是一个狭义的概念，技术手段、方式和设备都可以算作最佳可行技术的要素。

最佳可行技术的实施大致分为三个阶段：第一阶段 2015—2018 年，第二阶段 2019—2022 年，第三阶段 2023—2024 年。各个阶段的目标与任务如下：

第一阶段：制定并通过监管法律框架，包括其最佳可行技术指南，对缴纳环境污染费的设施进行国家登记，引入经济激励机制，建立最佳可行技术技术指标，明确最佳可行技术定义。

第二阶段：建立环境综合许可证发放、监管和有效性评估制度，引入自动监控系统，为《名单 300》内的企业发行首批环境综合许可证，确保所有新成立企业获得环境综合许可证，提高环境污染费的计算系数。

第三阶段：确保所有Ⅰ类企业采用最佳可行技术，并取得环境综合许可证。

目前，最佳可行技术的实施已进入第二阶段，第一阶段任务已经完成，已基本打造以联邦法、总统令、政府决议和信息技术指南为支撑的法律框架，其中联邦法主要包括第7号联邦法《关于保护环境》、第488号联邦法《关于俄罗斯联邦的工业政策》、第162号联邦法《关于俄罗斯联邦的标准化》、第261号联邦法《关于能源节约》；政府层面的总统令和政府决议主要包括第398号总统令《关于批准淘汰落后技术、向最佳可行技术过渡、引入现代技术的综合措施》、第2674号总统令《最佳可行技术应用领域清单》、第1458号政府决议《最佳可行技术中的技术定义》、第1508号政府决议《关于最佳可行技术局的业务活动》、第1029号政府决议《物品分类标准》、第262号政府决议《自动监管系统》；最佳可行技术信息指南已编制51本，涉及18种废物类型，主要包括《信息技术指南1-2015：纸浆、木料、纸张的生产》《信息技术指南9-2015：废物的热处理》《信息技术指南10-2015：污水处理》《信息技术指南11-2015：煤炭开采与选矿》《信息技术指南44-2015：食品生产》等。

3. 运用大数据，推进信息化建设

在固体废物处理领域，仅仅是简单的数字统计已经不能满足实际需求，因为往往统计的数字只是一些数据的罗列，并不能真实地反映固体废物去向及回收利用情况。国家项目“生态”中规定，2019年年底前将在85个联邦主体盘点市政固废堆放点，评估固体废物处理体系；2020年10月之前完成统一的国家废物登记管理系统的现代化，包括城市固体废物的产生量及其堆放、回收，分类，加工的地点，固体废物的运输路线，以及到市政固废处理设施的建设数据；2020年11月前制定出废物管理包括市政固废的地方网络电子模型。

目前，俄罗斯将GIS（地理信息系统）运用到固体废物管理领域，正着手建立一个覆盖全国的固体废物处理地理信息系统（图3）。该系统的建立基于大量的数据，包括废物产生的地点、废物种类、废物处理运营商等信息，根据该数据库，可以进一步分析二次资源回收利用的前景，为相关部门和企业提供决策参考。

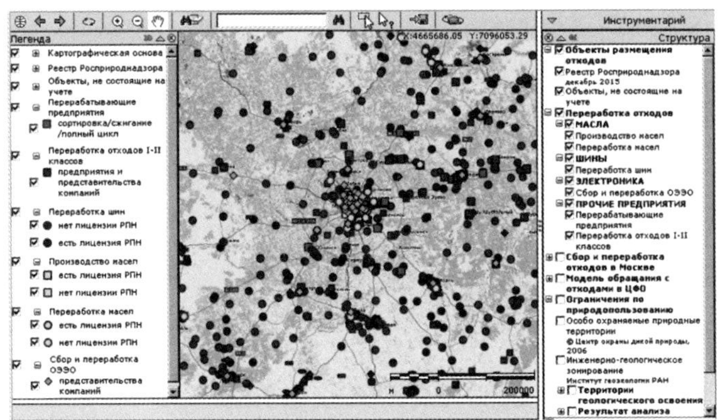

图 3　固体废物处理地理信息系统

（二）俄罗斯固体废物领域改革面临的问题

根据 2019 年上半年结果，已有 80% 的地区过渡到新型固废处理体系，已有 206 个区域运营商正式启动工作。但是，改革过程中也存在一些问题：

一是居民废物处理费用陡增，引发不满。为完成固体废物改革，升级国内固体废物处理系统，资金的支持必不可少，其中一部分资金按照“丢弃者付费”原则相应分摊到居民身上。根据 2019 年上半年改革成果数据，居民支付给当地区域运营商的平均废物运输费已由改革前的每月 60 卢布（约合人民币 6 元）提高到 92.5 卢布（约合人民币 9 元），而在某些地区，改革后的费用甚至达到改革前的数倍。固体废物改革粗暴沦为废物处理缴纳费的增加，引发居民的强烈不满。

二是废物收纳容器短缺，资金不足。随着改革进程的推进，主管部门不断收到废物箱不足的投诉。据统计，为满足实际需求，至少还需 75 万个废物箱，按照每个废物箱 13 000 卢布计算，则至少需要约 100 亿卢布，资金缺口较大。

三是区域运营商竞标不透明，存在灰色地带。俄罗斯废物处理市场大部分都充斥着灰色经济和违法盈利，竞标中的水分也非常大。一些不负责任的运营商直接把废物带到最近的山沟、路坑或森林里丢弃，废物处理效果不尽如人意。

相比于中国的废物处理问题，俄罗斯固体废物改革任重道远。造成多方利益纠缠、不法分子有机可乘这一混乱局面的一个重要原因就是废物管理权责划分不清。固体废物处理本可以作为公共事业，由政府全权主管，而俄罗斯政府却将其完全放手给私营的区域运营商处理，但同时相应的法律保障、监管机制和利益协调工作并未到位。

四、俄罗斯医疗废物领域相关政策做法

医疗废物具有空间污染、急性传染和潜伏性传染等特征，若管理不严或处置不当，极易成为病毒传播的源头，引发二次感染。在俄罗斯，预防医疗废物引发医疗卫生机构感染是医疗废物管理的重要部分。医疗废物占俄罗斯废物总量的 2%～3%，对其管理主要采取立法保障回收，按照危险类别实施分类贮存和专人负责制等措施，但是由于主管部门职能改革与更迭，俄罗斯医疗废物处置在监管方面较为欠缺。

立法来确保医疗废物的回收。俄罗斯政府于 1999 年颁布《医疗和预防机构废物收集、储存和清除规则》，通过立法来确保医疗废物的回收。2010 年，俄罗斯又颁布医疗废物管理的专项法案，出台《医疗废物管理的卫生流行病学要求》，细化了医疗废物收集、临时贮存等规则。

分级管理医疗废物。根据流行病学、病理学和辐射危害程度以及对环境的不利影响，俄罗斯将医疗废物分为五个危险级别，分别以俄语字母表的前五个字母命名（表 5）。

表 5　俄罗斯医疗废物分级表

名称	危险级别	种类	回收
A 级	不具流行病学传染性	与生活废物相类似的固体废物，如废纸、塑料、玻璃瓶及包装材料等，但不包括传染性和皮肤性病等科室废物	一般放置在特大废物箱中，颜色以白色标记

续表

名称	危险级别	种类	回收
Б 级	流行病学危险废物	来源于感染病门诊的废物或微生物菌类等，以及血液或其他病人排出的废物	收集在以黄色标记的一次性包装内，废物不能超过总容量的3/4，也不能放置在露天废物箱中。最终包装上除了标明废物类别字母之外，还需标明收集该废物的组织名称、部门、日期和人员姓氏
В 级	流行病学极度危险废物	曾接触过特殊危险传染病患者的废物、微生物实验室的废物等	需放置在红色标记的特殊容器内，其消毒和存储运输上有严格规定
Г 级	有毒性废物	含有工业制成品的废物，过期的药物、消毒物品、化学制剂，以及含汞的废物	需放置在红色标记的特殊包装内，其清理或回收工作，只能由取得政府许可证的专业组织操作
Д 级	放射性废物	含有放射性物质的废物	收集和存放都必须按照俄罗斯法律对放射性物质的辐射安全标准进行操作

强化专人负责制。《医疗废物管理的卫生流行病学要求》提出医疗垃圾由专人负责的原则，主要包括：①医疗机构负责人应制定工作细则，并指明医疗垃圾的具体负责人及其工作计划。每个医疗机构都应单独制订工作计划；②收集特定危害类别医疗废物的工作必须由指定的具体负责人进行。专人负责收集医疗废物，将其装在容器中，并密切注意医疗垃圾临时堆放直到运出医疗机构的情况；③医疗废物负责人有义务根据分类要求标记医疗废物收集容器，标签上必须注明：医疗废物的危害类别、医疗机构名称、部门、日期、负责人的姓名；④如果医务工作者或其他人员（患者、技术人员等）在处理医疗垃圾过程中受伤，造成感染风险，则负责人有义务提供帮助并告知医疗机构负责人。医疗垃圾负责人还必须在相应的工作日志中指出受伤特征、日期、姓名及所采取的措施。此外，注重对工作人员的保护，注重细节管理，对医疗废物临时贮存场所的照明、设施、通风条件和面积等都有严格规定。

监管重点集中于医疗机构。《医疗废物管理的卫生流行病学要求》是医疗废物的组织与管理工作的纲领性文件，各医疗机构应遵照执行。联邦消费者权益保护和人类福利监督局对医疗机构具有监管责任，确保医疗机构医疗废物回收。

医疗垃圾处置监管缺失。原则上，对于医疗废物处置机构应实施医疗废物信息登记注册与报告，建立医疗废物许可证资质认证制度，但是目前由联邦自然资源利用监督局制定的《联邦废物分类目录》中并未纳入医疗废物，第 89 号联邦法《关于生产和消费废物》和第 52 号联邦法《关于人口的卫生和流行病学福祉》与也不完全适用于医疗废物，《医疗废物管理的卫生流行病学要求》仅在医疗机构层面确保医疗废物回收，但对医疗垃圾运输后的去向以及处置并没未涉及，缺乏相应的监管。

参考文献

[1] Государственный доклад «О состоянии и об охране окружающей среды Российской Федерации в 2018 году»

国家报告《关于 2018 年俄罗斯联邦环境状况与环境保护》

网址：http：//www.mnr.gov.ru/docs/gosudarstvennye_doklady/

[2] Об отходах производства и потребления（с изменениями на 25 декабря 2018 года）

《关于生产与消费废物》（2018 年 12 月 5 日修订版）

[3] Постановление Правительства Российской Федерации от 31 октября 2018 г. N 1293

2018 年 10 月 31 日通过的第 1293 号政府决议

网址：https：//www.alta.ru/tamdoc/18ps1293/

[4] Об утверждении нормативов утилизации отходов от использования товаров на 2018—2020 годы（с изменениями на 16 июня 2018 года）

《关于确定 2018—2020 年商品使用废物回收标准》（2018 年 6 月 16 日

修订）

网址：http：//docs.cntd.ru/document/556185029

［5］НАЦИОНАЛЬНЫЕ ПРОЕКТЫ

国家项目

网址：http：//static.government.ru/media/files/p7nn2CS0pVhvQ98 OO wAt 2dzCIAietQih.pdf

［6］О санитарно-эпидемиологическом благополучии населения（с изменениями на 26 июля 2019 года）

2019 年 7 月 26 日修订的第 52 号联邦法律《关于人口的卫生与流行病学福祉》

网址：http：//docs.cntd.ru/document/901729631

［7］СанПин2ю1ю7ю2790-10 Санитарно-эпидемиологические требования к обращению с медицинскими отходами

《医疗废物管理的卫生和流行病学要求》

网址：http：//docs.cntd.ru/document/902251609

俄罗斯土壤重金属污染现状分析

安娜·贾尔恒　齐丽晴[①]

摘　要　随着工业化和世界人口迅速扩大，土壤重金属污染加剧。俄罗斯地质结构复杂，矿产资源丰富，大部分集中在北部、西北部。山地地区是俄罗斯有色金属矿产基地，也是俄罗斯发展工业的基石。工业的发展伴随着一定的污染产生，工业经济活动向大气和周围水体排放废弃物与污染物导致了工业区周围土壤的污染。同时，随着重金属在土壤中的迁移转化，地下水、地表水及动植物也受到了影响，进一步造成食物污染，从而对人类和动物的健康也构成威胁。而农业生产过程中的化学杀虫除莠剂和农业化学制剂和其他有害物质的使用也对土壤造成污染损害。本文主要从工业活动、农业活动、城市活动等多种重金属污染来源的角度，介绍俄罗斯土壤重金属污染现状和污染特点，以期为国家和国际土壤污染预防、控制、修复等方面的规划提供参考。

关键词　俄罗斯工业生产；土壤污染；重金属污染；农业土地污染；土壤污染治理

工业城市的发展和城市人口的快速增长加剧了空气和水污染以及土壤中污染物的永久性积累所引起的生态问题。重金属（HMs）属于非常危险的物质，因此特别受关注。目前，重金属的危害性已经排在第二位，仅次于农药，也远远领先于二氧化碳和硫黄等众所周知的污染物。将来，重金属可能比核电站产生的废物和固体废物更具危害性。

土壤化学将重金属区分为特殊元素，因为它们在高浓度时会对植物产生毒害作用。但是，对于土壤中任何特定重金属的危害程度是没有共

① 安娜·贾尔恒、齐丽晴，生态环境部对外合作与交流中心。

识的。联合国在1973年通过的“全球监测计划”中仅提及了Pb、Cd和Hg三种重金属[①]。后来，在联合国环境规划署（UNEP）执行主任发表的报告中，其他七种重金属（Cu、Sn、V、Cr、Mo、Co和Ni）和三种准金属（Sb、As和Se）被添加到了最危险的元素列表中[②]。金属可从受污染的土壤、水和空气中进入食物链，进一步造成食物污染，从而威胁人类和动物健康。

重金属污染的来源包括自然过程和人为活动。重金属污染的主要来源包括采矿、冶炼、化石燃料燃烧、废物处理、腐蚀和农业灌溉。污水农灌对大面积的耕地造成了严重的金属污染，同时也导致数百万吨粮食受到污染。目前已提出多种生物地球化学参数并应用于土壤重金属污染，包括（但不限于）化学指标（总/可回收含量、可用/可提取量和分馏）、生化指标（酶活性、FDA水解）、微生物指标（微生物生物量、微生物群落结构）、土壤动物指标（蚯蚓数量和品种）、植物指标（生物量产量、金属吸收和可食用部分的金属积累量）。然而，土壤重金属污染最常用的指标仍然是总含量/可回收含量（尽管可提取量与植物的吸收或有效性更密切相关）。

从人为活动来看，土壤重金属污染水平取决于人为活动负荷和土壤对重金属影响的可持续性（一般由土壤的化学和物理性质决定）。然而，由于金属特有的富集性、难降解性和累积性等，使得重金属投入的减少并不总是能使土壤中重金属含量迅速下降。同时，土壤酸碱度或氧化还原条件变化，土壤有机质含量减少，会增加重金属流动性，最终导致地下水和地表水被污染[③]。因此，研究土壤污染程度、主要来源、人类健康和环境影响、土壤类型、气候条件、土地利用和环境脆弱性等不同条件的信息，对国家和国际土壤污染预防、控制、补救行动等方面的两级规划至关重要。

---

① V.V. Dobrovol’skii，Geography of Microelements：Global Dispersal，Mysl，Moscow，1983（in Russian）.

② State of the Environment，The UN Environmental Program，VINITI，Moscow，1980（in Russian）.

③ Glazovskaya，M.A.，2007. Geochemistry of Natural and Technogenic Landscapes. Moscow University Press，Moscow. Motuzova，G.V.，Karpova，E.A.，2013. Chemical Contamination of the Biosphere and its Environmental Consequences. Moscow University Press，Moscow，pp.270-271.

一、俄罗斯资源分布概况

俄罗斯约占陆地面积的13.6%[①]，面积为17.125万千米^2。其地质构造复杂，矿产资源丰富，80%的矿产资源、能源在亚洲部分，制造业集中在欧洲部分。俄罗斯资源分布不平衡，其中大部分集中在国土的北部和东部地区。俄罗斯平原西北部的卡雷利阿和科拉半岛地区蕴藏着铁、镍、云母等矿产。希宾山地有世界最大的磷灰石矿，并蕴藏着大量的制铝原料枣霞石。俄罗斯平原和其他广阔地域及西伯利亚地区，蕴藏着世界最大的铁矿区枣库尔斯克磁力异常区，以及乌拉尔、西伯利亚铁矿区。俄罗斯中西部的乌拉尔山区和远东山地地区，是俄罗斯主要的有色金属矿产基地。远东沿海山地主要有锡矿区。

俄罗斯的矿产资源，如煤、石油、天然气、泥炭、铁、锰、铜、铅、锌、镍、钴、钒、钛、铬的储量均名列世界前茅，只有锡、钨、汞等金属资源储量较少，不能自给。俄罗斯拥有苏联70%的煤炭、80%的天然气、100%的磷灰石、60%的钾盐和大部分铁矿石。其中，西伯利亚和远东是全世界自然资源丰富的地区，有大量的各种金属矿藏，如铁、铜、镍、锌、锡、铝、霞石、金刚石、水银、镁、云母、铅、钨、金、银等。俄罗斯远东地区拥有重要工业点：伊尔库茨克、伯力和海参威（表1）。

表1　俄罗斯工业区分布

工业区名称	主导产业
圣彼得堡工业区（又称中央工业区，俄罗斯最大的工业区）	加工制造业
莫斯科工业区	加工制造业
新西伯利亚工业区	石油、煤炭生产加工区
乌拉尔（俄罗斯最大的冶金工业区）	黑色金属、有色金属生产加工区
顿巴斯	煤炭生产区
库兹巴斯	煤炭、石油生产加工区
卡拉干达	各种有色金属生产加工区

① Minprirody，R.F.，2018. Federal Report on the State of the Environment in the Russian Federation in 2017.

续表

工业区名称	主导产业
埃基巴斯图兹	资源生产加工区和石油、煤炭生产加工区
库尔茨克	加工工业区
埃斯克—阿钦斯克	能源、资源、加工综合工业区

二、俄罗斯土壤重金属污染概况

俄罗斯的土壤污染源主要分为两类。一类是大型工业中心工业活动（表 2）。这些工业经济活动向大气和周围水体排放废弃物和污染物致使土壤污染。第二类是来自农业生产过程中，使用化学杀虫除莠剂、农业化学制剂、其他有害物质的使用对土壤造成污染损害。这些建议仍然是监测土壤中重金属元素的基础。

表 2　重金属主要来源

重金属污染来源	重金属元素
有色冶金	Pb、Zn、Cu、Hg、Mn、Sb、W、Co、Cd
黑色冶金	Ni、Mn、Pb、Cu、Zn、W、Co
能源	As、Sb、Se
石油工业	Pb、Cu、Ni、Zn、Mn
燃煤	Sb、As、Cd、Cr、Mo
燃油燃烧	As、Pb、Cd

（一）工业活动中土壤重金属污染

土壤重金属污染监测主要由俄罗斯联邦水文气象和环境监测局在工业废气排放来源地区附近进行。根据俄罗斯联邦水文气象和环境监测局的调查①，在过去 10 年中，平均 1.7% 的调查区域属于“危险”类别，9.1% 属于“中度危险”类别，89.2% 在标准限值范围内。

① Roshydromet，2018. Soil Pollution of the Russian Federation Toxicants of Industrial Origin. Yearbook of 2017（in Russian）. http：//rpatyphoon.ru/upload/medialibrary/fb8/ezheg_tpp_2017.pdf.

俄罗斯联邦自然资源与生态部对于特定金属（钒、锰、铅）采用了最大允许浓度（MPC）。对于其他金属（镉、铜、镍和锌），采用了近似允许浓度（APC）；而对于没有任何标准描述的第三组金属（钴、铬），其土壤的污染程度是根据经验标准估算的，即超出背景值的 4 倍。俄罗斯卫生标准 GOST 17.4.102—1983 把砷、镉、汞、硒、铅和锌归为高危元素，而镍、钼、铜和锑归为中度危险元素①。之后，镍、铜、锌、镉、铅和砷也被列入其中②，并为此制定了 APC 标准。

工业活动释放到大气中的金属分布取决于与污染源的距离、气候条件（强度和风向）和地形。重金属的扩散还取决于大气中排放源的高度，在距地面 10 ~ 40 个管道高度处的大气表层中会产生大量的排放物，围绕这些污染源，划分了 6 个区域（如表 3 所示）。这些工业企业对邻近地区的影响面积可以达到 1 000 千米 ^{2}。

表 3　点源污染周围的土壤污染区分布

区域	污染源距离 / 千米	超出重金属背景值倍数
企业安全区	0.5 ~ 0.75	100
区域 1	0.75 ~ 1.5	200 ~ 50
区域 2	2 ~ 8	50 ~ 10
区域 3	4 ~ 15	2 ~ 5
区域 4	8 ~ 20	2 ~ 5
背景值（本底值）	20 ~ 50	1

土壤重金属污染最严重的来源主要是采矿企业和大型有色金属冶金厂。如表 4 所示，俄罗斯土壤重金属污染地区主要集中在南部、西南地区和西北地区，其中土壤重金属含量最大的地区位于北极区：诺里尔斯克工业区（Norilsk）和科拉半岛（Kola Peninsula）。

① GOST 17.4.1.02—1983，Environmental Protection，Classification of Chemical Substances for Pollution Control，Standart，Moscow，1983（in Russian）.

② V.A. Bol'shakov，V.P. Belobrov，L.L. Shishov，Word List. Terms，Definitions，and Reference Materials on the Ecology，Geography，and Classification of Soils，Dokuchaev Soil Science Inst.，Moscow，2004（in Russian）.

表 4　俄罗斯受污染地区土壤中重金属含量

单位：毫克 / 千克

污染地区	污染源	调查范围	铜	镍	钴	铅	锌	镉
Monchegorsk，Zapolyarny，Nikel，Pechenga：Murmansk 地区、科拉半岛[①]	Severonicke[②] Pechenganikel[③]	<17 千米	820 ~ 7 000	2 000 ~ 10 000	100 ~ 800	12 ~ 55	20 ~ 500	
Norilsk，Krasnoyarsk[④]	Nornickel[⑤]	市区及郊区（长达 15 千米）	1 526 ~ 16 000 546 ~ 3 092	415 ~ 3 469 274 ~ 1 736	12 ~ 150 12 ~ 49	94 ~ 348 43 ~ 143		
Revda，Sverdlovsk 地区，乌拉尔中部地区[⑥]	乌拉尔中部铜熔厂	<1 千米 7 千米	1 084 ~ 2 400 170 ~ 424			290 ~ 1 148 50 ~ 215	160 ~ 969 100 ~ 257	4 ~ 6 2 ~ 5
卡拉巴什、车里雅宾斯克地区、乌拉尔南部地区[⑦]	铜冶炼厂	2 千米	4 340	280		900	1 877	13

续表

污染地区	污染源	调查范围	铜	镍	钴	铅	锌	镉
Rudnaya Pristan，Promorsky Krai 太平洋海岸[⑧]	铅冶炼厂	2 千米 4.5 千米	331 ~ 1 451 118 ~ 781	126 ~ 621 32 ~ 186	172 ~ 302 84 ~ 210	1 848 ~ 4 148 330 ~ 1 667	1 205 ~ 3 331 515 ~ 1 340	12 ~ 26 2 ~ 8

① Koptsik，1998; Kashulina，2007; Kashulina，2017; Evdokimova，2011; Evseev & Krasovskaya，2017.

② Severonickel：电解镍冶炼厂。

③ Pechenganikel：采矿冶金厂。

④ Vodyanitskii，Yu.N.，Plekhanova，I.O.，Prokopovich，E.V.，Savichev，A.T.，2011. Soil contamination with emissions of non ferrous metallurgicalplants. Eurasian Soil Sci.，44（2），217e226.

⑤ Nornickel: 镍和钯采矿、冶炼厂。

⑥ Vodyanitskii，Yu.N.，Plekhanova，I.O.，Prokopovich，E.V.，Savichev，A.T.，2011. Soil contamination with emissions of non ferrous metallurgicalplants. Eurasian Soil Sci.，44（2），217–226.

⑦ Tatsiy，Yu.G.，2012. Ecological and Geochemical Evaluation of Environmental Pollution within the Operating Area of the Karabash Copper–SmeltingPlant，vol. 12. Tyumen State University Herald，pp. 81–86.

⑧ Timofeeva，Ya.O.，2012. Environmental status of soils in the local polymetallic pollution. Fundam. Res.，9（3），590–594. https://fundamental-research.ru/ru/Article.

在 Norilsk，重金属污染的主要来源是俄罗斯大型冶金企业，镍、铜、钴和铂金的生产企业——矿冶公司极地地区分部。克拉斯诺亚尔斯克地区（Krasnoyarsk）自然资源与生态部于 2015 年将 Norilsk 市区的生态状况评估为“危机”，并将该地区指定为生态状况危机紧急地带[①]。其中，城市区域的土壤金属含量超过 TPC（暂定允许浓度）标准，铜超标 30 ~ 240 倍，镍超标 10 ~ 86 倍，钴超标 23 倍[②]。在与冶金厂直接相邻的土壤中，铜、镍和钴超标量分别达到 350 倍、500 倍和 70 倍[③]，其中污染程度高的区域距离市区最远只有 25 千米。

在摩尔曼斯克地区（Murmansk），土壤重金属污染最严重的地区是有色冶金企业 Pechenganikel（位于 Zapolyarny、Nikel、Pecenga）和 Severonikel（Monchegorsk）附近。距企业 3 千米范围内，上层土壤优先污染物（镍、铜和钴）含量平均达到 TPC 的 30 ~ 60 倍。在 Murmansk 有色冶金企业地区，金属不仅仅积累在土壤表层，而且还积累在矿物层。污染最严重的地区影响面积为 3.2 万千米 ^{2}。这些受污染的地区主要是由人为活动造成的贫瘠地区，植被几乎完全被破坏，土壤植被覆盖退化，地表水受到高度污染。

在最大的采矿和冶金基地——乌拉尔中部和乌拉尔南部地区，其土壤重金属污染的工业源密度最大。在一些城市（Kirovgrad，Rezh，Asest，Revda），土壤中金属含量超过 TPC 5 ~ 10 倍。在车里雅宾斯克市区，约有 600 家工业企业，约 12% 的土地区域（市中心）可归为生态重灾区，其中土壤中锌和铅的含量比 TPC 标准高 25 倍。马格尼托戈尔斯克和卡拉巴什

① Minprirody Krasnoyarsk Region，2016. Federation Report on the State of the Environment in the Krasnoyarsk Region in 2015（in Russian）. http：//mcx.ru/upload/iblock/7a8/7a8b2d41cfe41ee6786b6b4579fa235d.pdf.

② Vodyanitskii，Yu，n.，Plekhanova，I.O.，Prokopovich，E.V.，Savichec，A.T.，2011. Soil contamination with emissions of non ferrous metallurgical plants. Eurasian Soil Sci.，44（2）：217-226.

③ Evseev. A.V.，Krasovskaya，T.M.，2017. Toxic metals in soils of the Russian North. J. Geochem. Explor，174，128-131.

的土壤也受到严重污染[①]。

在西伯利亚 Kemerovo 地区的 Belovo 镇，一家锌厂高强度负荷运行了 80 年、贝加尔湖地区工业巨头在 Bratsk（铝厂、铁合金厂）、Svirsk（冶金厂）、Lrkutsk（建筑、机器建筑厂）和 Cheremkhovo（重型工程、机械、化工厂和露天采矿）等工业区也存在土壤污染区。根据 2016 年俄罗斯联邦环境状况报告[②]，在 Svirsk 冶金厂周围的土壤中，铅的 MPC 水平已超过 9 ~ 63 倍。

在远东地区，Dalnegorsk 和附近的 Rudnaya Pristan 村、普里莫里工业中心情况最为不利。在距离位于 Dalnegorsk 的化学联合采矿厂和位于 Rudnaya Pristan 的采矿和冶炼联合矿棚 30 千米的地区，土壤中的铅含量为 MPC 的 17 ~ 42 倍[③]。正因如此，这个村庄被列入世界上污染最严重地点中。而在俄罗斯南部地区，Vladikavkaz 土壤中锌污染是 TPC 水平的 27 ~ 40 倍，镉是 TPC 水平的 94 和 324 倍，铅是 TPC 水平的 10 ~ 30 倍，镍是 TPC 水平的 3 ~ 4 倍[④]。

在过去的 25 年里，由于经济衰退和现代化生产以及新兴环境友好型技术的实施，工业企业的排放量整体有所下降。Norilsk 的镍厂和 Rudnaya Pristan 的铅熔化厂已于 2016 年关停。目前所有经营大型冶金企业都引进了现代环保技术。但由于常年排放，土壤中已积累了大量重金属，而且不能在一定时间内减少或消失。

（二）城市活动中土壤重金属污染

在大量金属排放物的影响下，污染地主要划分为区域和地方层面。

---

① Tatsiy，Yu. G.，2012. Ecological and Geochemical Evaluation of Environmental Pollution within the Operating Area of the Karabash Copper-Smelting Plant，vol.12. Tyumen State University Herald，pp. 81-86.

② Minprirody，R.F.，2017. Federal Report on the State of the Environment in the Russian Federation in 2016（in Russian）.

③ Timofeeva，Ya，O.，2012. Environmental statue of soils in the local polymetallic pollution. Fundam，Res. 9（3），590-594.

④ Kabaloev，Z.V.，2014. Characteristic features of heavy metals accumulation in soils of Vladikavkaz city. Proc. Grosky State Agrar. Univ. 51（4），416-420（in Russia）.

对于城市土壤来说，重金属污染的主要来源是车辆和能源企业（化石发电厂、煤加工等）。在俄罗斯大多数中型和大型城市的土壤中也存在超出浓度范围的过量重金属。但与冶炼中心周围的土壤污染特征不同，随着汽车尾气的排放，释放出大量铅，超过了冶金企业周边土壤污染浓度。

俄罗斯规定，城市土壤中重金属含量水平可为 70% ~ 95% 的允许污染水平①。在莫斯科，通过使用 Z 指数进行土壤调查，结果表明，在 95% 的监测点，土壤污染程度为轻污染（在允许范围内）②。过去几年的监测结果显示，在莫斯科，城市土壤中重金属迁移转化的平均含量总体上保持稳定。俄罗斯于 2003 年禁止使用含铅汽油，这一规定的实施，使土壤中铅平均含量从 6.9 ppm 降至 6.1 ppm③。然而，由于镀锌钢制成的运输基础设施部件的退化，反而使得锌在土壤中超过 TPC 含量程度最高。根据雅库茨克的土壤监测显示④，当地土壤虽然铅含量有所下降，但 2009—2017 年土壤中锌含量持续增加。

（三）农业活动中土壤重金属污染

汞、砷、铅、铜、锡、铋等元素成为污染耕作土壤的重要成分，这些元素作为杀虫剂、杀生物剂、植物生长促进剂的组成部分进入土壤。在传统的矿物肥料中，磷肥中含有锰、锌、镍、铬、铅、铜、镉等杂质，而由各种废物制成的非传统肥料通常含有大量高浓度的重金属污染物。

---

① Sivtseva，N.E.，2018. Ecological-geochemical monitoring of the territory of Yakutsk. In：Aleckseev，A.O.，Pinskii，D.L.（Eds.），Chemical and Biological Soil Pollution. Proc. All-Russian Scientific Conference. KMK Scientific Press Ltd.，Pushchino，pp. 138-140.

② Minprirody，R.F.，2017. Federal Report on the State of the Environment in the Russian Federation in 2016（in Russian）.

③ Minprirody，R.F.，2017. Federal Report on the State of the Environment in the Russian Federation in 2016（in Russian）.

④ Minprirody，R.F.，2018. Federal Report on the State of the Environment in the Russian Federation in 2017（in Russian）.

虽然俄罗斯土地面积很大，但只有 13% 的面积属于农业用地[①]。农田土壤监测由俄罗斯联邦农业部农化司进行[②]，监测地点主要设置在自然和农业经济区、省的典型农田及大型工业企业、运输公路和城市附近受到污染的区域。20 世纪 80 年代末，俄罗斯在 1 500 个参考点和 100 多个常设研究站进行了相关土壤监测；1990 年之后，监测点大大减少。如今，俄罗斯联邦农业部农化司每五年确定土壤重金属植物有效性。

根据俄罗斯联邦农业部监测数据，被调查耕地土壤中大部分元素超标的比例低于 2%（表 5），而超标的农业土壤大多是与特大城市、大型高速公路或工业企业相邻的土壤。

表 5　在俄罗斯受污染的农业用地比例

重金属元素	监测区域		重金属含量超过上限值	
	面积 /10^3 公顷	占总面积的百分比 /%	面积 /10^3 公顷	占总面积的百分比 /%
Pb	16 380.7	12.9	273	1.7
Cd	14 257.7	11.3	27.7	0.2
Hg	7 037.2	5.6	—	—
Ni	8 667.5	6.8	56.0	0.7
Cr	5 957.5	4.7	33.3	0.6
Zn	24 783.5	19.6	54.0	0.2
Co	9 256.7	7.3	94.3	1.0
Cu	22 326.0	17.6	449.2	2.0

近几年，俄罗斯农业生态系统中法人监测数据显示，重金属铜、锌、镉、铅、镍、铬和汞迁移转化的平均含量在主要土壤类型和次要土壤类型中，无论是在地区层面上还是在联邦层面上，均较 MPC 低几倍。农业生态系统土壤中的重金属迁移含量呈明显下降趋势。但是，在俄罗斯联邦的

① Minprirody，R.F.，2018. Federal Report on the State of the Environment in the Russian Federation in 2017（in Russian）.

② Minagriculture，R.F.，2018. Report on the State and Use of Agricultural Land in the Russian Federation in 2016.

某些地区，不同土壤类型上仍存在较高含量（接近 MPC）的运移重金属。

重金属在农田土壤中的积累是使用化肥、土壤改良剂、农药、农业机械活动和大气沉降的结果。以俄罗斯农业生产最大地区之一 Stavropol 为例，监测结果（表 6）显示，当地的化肥生产原料中通常含有很少量的重金属（除了 Sr），并且俄罗斯在 1990 年后大幅减少了矿物肥料的使用。有机肥料中包含较多重金属，但没有超过土壤标准含量。而土壤中使用基于污水污泥的农药和堆肥时，农田土壤将积累重金属。在本地使用含铜的 Bordeaux 混合物时，土壤中铜含量较 TPC 超过 1 000 毫克 / 千克。

表 6　1990—2002 年 Stavropol 地区农业普查中的重金属年均投入量

输入来源	铅	镉	锌	铜	镍
矿物肥料	0.409	0.045	2.236	1.667	1.124
有机肥料	2.224	0.844	9.281	1.841	6.75
石膏粉	0.462	0.055	0.737	0.539	0.094
大气降水	89.939	0.872	413.84	77.16	38.81

数据来源：Podkolzin，O.A.，2005. Heavy metals in agrocenoses of the Stavropol territory. Agrochem. Herald 5，9-11.

不同来源进入农田的重金属含量不同，但大气降水越来越占主导地位。人为污染造成的大气污染沉降对农田土壤的影响也越来越大。

三、结论

俄罗斯由于经济衰退、现代化生产以及新兴环境友好型技术的实施，工业企业的排放量整体呈下降趋势，由于前期工业重金属输入在土壤中的累积，工业区周边土壤重金属污染涉及范围广，污染程度高。俄罗斯禁止使用含铅汽油的规定使得城市土壤铅含量下降，但由于镀锌钢制成的运输基础设施部件的退化，但 2009—2017 年土壤中锌含量持续增加。杀虫剂、杀生物剂、植物生长促进剂、基于污水污泥的农药和堆肥的使用以及耕地周边城市、企业和交通运输造成的大气沉降是耕地重金属污染的主要来源，大气污染沉降对农田土壤的影响越来越大。

从污染源控制、传输途径切断、受体保护等方面采取积极有效的措施，政府规章在源头控制和污染补救方面都必不可少。重金属污染是一个全球性的挑战，需要政府和社会各界共同努力，共同推进土壤重金属污染防治工作。

参考文献

[1] Evseev. A.V.，Krasovskaya，T.M.，2017. Toxic metals in soils of the Russian North. J. Geochem. Explor，174：128-131.

[2] Glazovskaya，M.A.，2007. Geochemistry of Natural and Technogenic Landscapes. Moscow University Press，Moscow. Motuzova，G.V.，Karpova，E.A.，2013. Chemical Contamination of the Biosphere and its Environmental Consequences. Moscow University Press，Moscow，pp.270-271.

[3] GOST 17.4.1.02—1983，Environmental Protection，Classification of Chemical Substances for Pollution Control，Standart，Moscow，1983（in Russian）.

[4] Kabaloev，Z.V.，2014. Characteristic features of heavy metals accumulation in soils of Vladikavkaz city. Proc. Grosky State Agrar. Univ. 51（4）：416-420（in Russia）.

[5] Koptsik，1998；Kashulina，2007；Kashulina，2017；Evdokimova，2011；Evseev & Krasovskaya，2017.

[6] Minagriculture，R.F.，2018. Report on the State and Use of Agricultural Land in the Russian Federation in 2016.

[7] Minprirody Krasnoyarsk Region，2016. Federation Report on the State of the Environment in the Krasnoyarsk Region in 2015（in Russian）. http：

//mcx.ru/upload/iblock/7a8/7a8b2d41cfe41ee6786b6b4579fa235d.pdf.
[8] Minprirody, R.F., 2017. Federal Report on the State of the Environment in the Russian Federation in 2016 (in Russian).
[9] Minprirody, R.F., 2018. Federal Report on the State of the Environment in the Russian Federation in 2017.
[10] Podkolzin, O.A., 2005. Heavy metals in agrocenoses of the Stavropol territory. Agrochem. Herald 5: 9-11.
[11] Roshydromet, 2018. Soil Pollution of the Russian Federation Toxicants of Industrial Origin. Yearbook of 2017 (in Russian). http://rpatyphoon.ru/upload/medialibrary/fb8/ezheg_tpp_2017.pdf.
[12] Sivtseva, N.E., 2018. Ecological-geochemical monitoring of the territory of Yakutsk. In: Aleckseev, A.O., Pinskii, D.L. (Eds.), Chemical and Biological Soil Pollution. Proc. All-Russian Scientific Conference. KMK Scientific Press Ltd., Pushchino, pp. 138-140.
[13] State of the Environment, The UN Environmental Program, VINITI, Moscow, 1980 (in Russian).
[14] Tatsiy, Yu G., 2012. Ecological and Geochemical Evaluation of Environmental Pollution within the Operating Area of the Karabash Copper-Smelting Plant, vol. 12. Tyumen State University Herald, pp. 81-86.
[15] Timofeeva, Ya O., 2012. Environmental status of soils in the local polymetallic pollution. Fundam. Res. 9 (3): 590-594. https://fundamental-research.ru/ru/Article.
[16] V.A. Bol'shakov, V.P. Belobrov, L.L. Shishov, Word List. Terms, Definitions, and Reference Materials on the Ecology, Geography, and Classification of Soils, Dokuchaev Soil Science Inst., Moscow, 2004 (in Russian).
[17] V.V. Dobrovol'skii, Geography of Microelements: Global Dispersal,

Mysl，Moscow，1983（in Russian）.

[18] Vodyanitskii，Yu.N.，Plekhanova，I.O.，Prokopovich，E.V.，Savichev，A.T.，2011. Soil contamination with emissions of non ferrous metallurgical plants. Eurasian Soil Sci，44（2）：217–226.

[19] Yakovlev，A.S.，Plekhanova，I.O.，Kudryashov，S.V.，Aimaletdinov，R.A.，2008. Assessment and regulation of the ecological state of soils in the impact zone of mining and metallurgical enterprises of Norilsk Nickel Company. Eurasian Soil Sci，41（6）：648–659.

[20] Vodyanitskii，Yu，n.，Plekhanova，I.O.，Prokopovich，E.V.，Savichec，A.T.，2011. Soil contamination with emissions of non ferrous metallurgical plants. Eurasian Soil Sci，44（2）：217–226.

[21] Vorobeichik，E.L.，Kaigorodova，S.Y.，2017. Long-term dynamics of heavy metals in the upper horizons of soils in the region of a copper smelter impacts during the period of reduced emission. Eurasian Soil Sci.，50（8）：977–990.

俄罗斯生物多样性保护研究

李菲　张光生[①]

摘　要　俄罗斯幅员辽阔，陆地和海洋边界漫长，生物多样性丰富，在全球生物多样性保护方面发挥着重要作用。与此同时，俄罗斯政府高度重视生物多样性保护，2018 年发布的《关于 2024 年前国家发展目标和战略任务》明确将保护生物多样性作为未来国家发展的任务之一。为保护生物多样性，俄罗斯制定了一系列法律法规，实施《俄罗斯国家生物多样性保护战略》和特定物种保护战略，取得良好成效。本文主要梳理俄罗斯生物多样性现状，研究俄罗斯生物多样性保护体制、采取的保护措施及成效，以及开展的双（多）边国际合作，包括国际公约履约情况等，为相关工作提供参考。

关键词　俄罗斯；生物多样性；保护；合作

俄罗斯幅员辽阔，陆地和海洋边界漫长，生物多样性丰富，在全球生物多样性保护方面发挥着重要作用。俄罗斯的物种多样性、景观多样性都比较丰富。根据《2018 年俄罗斯联邦环境状况及其保护情况国家报告》，俄罗斯有约 12 500 种维管植物、超过 11 000 种菌类、6 000 多种水藻和 1 832 种脊椎动物。截至 2018 年年底，俄罗斯约有 1.2 万个自然保护地，面积约 2.38 亿公顷（包括海域面积），占俄罗斯国土面积的 13.9%。

俄罗斯政府高度重视生物多样性保护。2018 年 5 月 7 日，俄罗斯总统普京签署《关于 2024 年前国家发展目标和战略任务》的总统令，明确将保护生物多样性作为未来国家发展的任务之一。为保护生物多样性，俄罗

① 李菲，生态环境部对外合作与交流中心；张光生，江南大学教授。

斯制定了《自然保护区法》《动物世界法》《渔业和水生生物资源保护法》《湿地保护与利用法》《森林法典》《土地法典》《基因工程领域国家调控法》等法律法规，实施《俄罗斯国家生物多样性保护战略》和特定物种保护战略，取得了良好成效。

一、生物多样性现状

（一）生物多样性概况

1. 物种多样性

俄罗斯的植被是北半球中高纬度植被的重要组成部分，全国约 16 亿公顷（93.4%）的土地不同程度地被植被覆盖。根据《2018 年俄罗斯联邦环境状况及其保护情况国家报告》数据，俄罗斯边境海域有 6 000 多种水藻，陆地上有近 3 665 种地衣植物、2 200 种苔藓植物、超过 11 000 种菌类，约 197 科 1 488 属约 12 500 种维管植物，其中 20% 为特有物种。俄罗斯植物种类比较丰富的地区为北高加索地区、萨彦—阿尔泰地区、滨海区和克里米亚地区。北方原始森林、森林苔原和苔原未被破坏地区的维管植物多样性最少。

根据《2018 年俄罗斯联邦环境状况及其保护情况国家报告》数据，俄罗斯共有 1 832 种脊椎动物，分属 7 个纲，约占全球多样性的 2.7%，其中包括：320 种哺乳动物、789 种鸟类、80 种爬行动物、29 种两栖动物、343 种淡水鱼、9 种圆口类等。据不完整资料显示，俄罗斯境内有 13 万 ~ 15 万种无脊椎动物，约占世界无脊椎动物种类的 10%，其中包括 10 万种昆虫类和 1.2 万种节肢动物。俄罗斯境内有几个区域的动物种类非常丰富：北高加索、克里米亚、西伯利亚南部和远东地区南部。俄罗斯欧洲部分的中部和南部地区阔叶林、草原地带的动物种类也相对比较丰富。

2. 生态系统多样性

除热带生态系统外，俄罗斯境内有几乎所有欧亚地区的自然生态系统——极地沙漠、苔原、森林苔原、原始森林、混交林和阔叶林、森林草原、草原、半荒漠和亚热带等。俄罗斯在保护北极生态系统及物种多样性方面发挥着特殊作用。俄罗斯约占北极总面积的1/3，而这个区域最能代表北极区域生态系统特征。俄罗斯拥有北极约80%的生态系统和90%的物种。

俄罗斯森林资源占世界的22%，其中40%是具有珍贵价值的针叶林。俄罗斯的森林总面积超过600万千米^2，世界上1/4尚未开发的森林都位于俄罗斯。俄罗斯拥有世界上最富饶的湿地，境内约有12万条河流，总长度达230万千米；约200万个湖泊，总面积约为37万千米^2（不含里海）；约6.2万千米^{2}的水库；有180万千米^{2}的沼泽。

俄罗斯的景观包括20种类型（北极景观、亚北极景观、北部原始景观、亚北极、半干旱和干旱、亚热带北部景观、阿尔卑斯型山脉景观、冰川景观等）。其中，占主导地位的原始（北方）景观占52%，寒冷的北极和亚北极（平原和山区）景观占21%，山区景观占30%～33%，最适合农业发展和居住的森林草原和阔叶林景观占8%。

3. 珍稀和濒危物种

在《俄罗斯联邦红皮书》中，根据物种的稀有程度，将珍稀和濒危物种分成了六类：有可能消失的（等级0）、正面临消失威胁的（等级1）、数量/面积正在减少的（等级2）、稀有的（等级3）、程度不确定的（等级4）、已被恢复和正在被恢复的（等级5）。

截至2018年年底，俄罗斯共有1 089种珍稀和濒危野生物种，其中包括676种植物和菌类、413种动物，详见表1和表2。

表1 俄罗斯珍稀和濒危野生植物和菌类物种数量

植物和菌类	物种稀有程度						合计
	0	1	2	3	4	5	
被子植物	6	79	131	254	4	—	474
裸子植物	—	1	8	5	—	—	14
蕨类植物	—	6	6	11	—	—	23
石松门植物	—	—	2	1	—	—	3
苔藓植物	—	8	13	40	—	—	61
地衣植物	—	1	7	34	—	—	42

续表

植物和菌类	物种稀有程度						合计
	0	1	2	3	4	5	
海藻和淡水藻类	—	1	8	26	—	—	35
菌类	—	—	4	20	—	—	24
合计	6	96	179	391	4	0	676

（数据来源：《2018年俄罗斯联邦环境状况及其保护情况国家报告》）

表2　俄罗斯珍稀和濒危野生动物物种数量

动物	物种稀有程度						合计
	0	1	2	3	4	5	
哺乳动物	2	23	15	19	6	—	65
鸟类	—	29	27	55	9	3	123
爬行动物	2	2	5	10	2	—	21
两栖动物	—	—	5	2	1	—	8
圆口类和鱼类	1	17	16	6	1	—	41
无脊椎动物	—	44	85	21	5	—	155
合计	5	115	153	113	24	3	413

（数据来源：《2018年俄罗斯联邦环境状况及其保护情况国家报告》）

4. 自然保护地

截至2018年年底，俄罗斯约有1.2万个自然保护地，面积约2.38亿公顷（包括海域面积），占俄罗斯国土面积的13.9%。保护地中占绝大多数的是地方级自然保护地，联邦级自然保护地共290个，其中包括：110个国家自然保护区、56个国家公园、60个国家自然禁猎区、17个自然遗迹、47个树木公园和植物园等。联邦级自然保护地中面积占比最大的是国家自然保护区（48.3%），其次是国家公园（32.7%）。

从地区分布来看，保护地数量最多的地区是中央联邦区，占全国保护地总数的32%，保护地面积最大的是远东联邦区，占全国保护地总面积的64.97%。北高加索联邦区是俄罗斯保护地数量最少、面积最小的地区。

（二）生物多样性面临的主要威胁

根据专家评估，目前俄罗斯生物多样性面临的主要直接和间接威胁如下：

（1）人类活动开发导致动植物栖息地遭到破坏。北极地区石油和天然气开采对生态环境影响较大。在苔原和森林苔原地带新开发一片区域时，每投资 1～2 美元，就意味着约 1 平方米的自然生态将遭到破坏。根据评估，每年约有数万甚至数十万公顷土地的生态系统遭到破坏。自然生态系统的破坏速度超过其恢复和自我修复速度，即便是新建自然保护区也于事无补。人类活动给自然环境带来的压力和破坏，导致珍稀和濒危动植物无法在变化的环境中生存。

（2）环境的化学污染。根据联邦水文气象和环境监测局数据，近年来，俄罗斯环境污染物排放量有所增加，对一些动植物种群及其繁衍能力造成负面影响。伊尔库茨克、新西伯利亚、克拉斯诺亚尔斯克、叶卡捷琳堡等地大气环境不断恶化，生物多样性状况令人担忧；中央联邦区、伏尔加联邦区和南联邦区土地受到农药污染，景观多样性受到威胁；科尔半岛、莫斯科州、车里雅宾斯克州、斯维尔德洛夫斯克州和鄂毕河、安加拉河流域、伏尔加河下游的河流和湖泊污染严重，生物多样性减少。

（3）景观破碎化和生态系统的孤岛化。近年来，因开发新油田和建设密集的铁路、公路等交通基础设施，景观破碎化的威胁不断加剧，尤其是石油和天然气开采区的苔原和森林苔原地区。新一波草原土地深耕、过度放牧、无管制交通、草原火灾的浪潮，使得欧洲部分和西伯利亚南部的草原地区出现孤岛化进程，草原景观面积减少。

（4）传统农业景观的改变导致生物多样性减少。北部和南部针叶林、森林苔原带的耕地、草场和牧场被逐步废弃，取而代之的是荒地和生物多样性水平低的小树林，无法给迁徙类动物提供高质量的食物。高加索地区农业衰退，牲畜数量减少，景观多样性减少，继而造成动植物物种减少。但随着近年来农业生产逐步恢复，这种威胁将在未来逐步降低。

（5）外来物种入侵。亚速海地区，尤其是黑海沿岸地区、伏尔加河流域及其水库、里海北部地区的淡水生物，如底栖生物、浮游生物等构成已明显发生变化。几十年来，北高加索、远东和俄罗斯欧洲部分的草原地区成为外来动植物入侵的主要场所。在俄罗斯的一些保护区内，哺乳动物中的外来物种比例高达20%～25%。

（6）盗猎和生物资源的过度开发利用。盗猎和珍稀濒危物种非法贸易依然居高不下，尤其是一些具有商业价值的动植物，如老虎、雪豹、鲟鱼、野生雪花莲、仙客来等。盗猎不仅会影响内陆水域渔业发展，也影响邻近海域，特别是远东地区的渔业发展。盗猎数量超过了合法狩猎的数量，例如，每年羚羊的死亡数量等于或者超过了其出生数量，从而导致种群数量整体在不断减少。

（7）森林火灾和其他人为因素对森林的物种多样性造成威胁。在俄罗斯欧洲地区北部、西伯利亚南部和远东，森林火灾、有害生物和森林疾病等仍是导致森林消亡的主要原因。在俄罗斯北部和永冻土地区，森林火灾阻碍了森林的恢复。近年来，由于甲虫从云杉、冷杉和其他针叶树中进行捕食，俄罗斯各地区的森林植被等严重受损，特别是云杉。

二、生物多样性保护体制

（一）生物多样性保护机构

当前，俄罗斯生物多样性保护的主要负责部门为俄罗斯联邦自然资源与生态部，相关职责包括：制定生物多样性保护领域的法律法规与政策、部分生物资源开发利用的许可与监管、生物多样性监测、编制《俄罗斯联邦红皮书》、履行《生物多样性公约》的相关义务等。自然资源与生态部下设联邦自然资源利用监督署、联邦水文气象与环境监测署、联邦水资源署、联邦矿产资源利用署和联邦林业署。生物多样性的保护和可持续利用是一个跨部门问题，除自然资源与生态部外，也有其他部门参与相关工作，如农业部负责渔业资源和水生生物资源的可持续发展，教育与科技部负责制定生物多样性保护领域的科技政策和开展相关教育等。

为协调跨部门的生物多样性保护问题，加入《生物多样性公约》后，1995 年俄罗斯成立了隶属于原俄罗斯联邦环境保护与自然资源部的生物多样性问题跨部门委员会。该委员会在制定《俄罗斯国家生物多样性保护战略》文件时发挥了重要作用，但 2004 年，该委员会被撤销。

俄罗斯是联邦制国家，在保护生物多样性方面，各联邦主体发挥着重要作用。当前，动物及其栖息地、内陆水域渔业资源、狩猎动物资源、水资源和林业资源保护及利用的相关职能主要由各联邦主体负责落实。下放这些职能是执行《生物多样性公约》的关键方法之一，以便在生物多样性保护问题的发生地就近、及时并适当地做出管理决策。现如今，俄罗斯各联邦主体都编制出版本地区的《红皮书》。

（二）生物多样性保护的法律体系

1. 法律法规

俄罗斯建立了一套生态保护和自然资源利用的法律体系，与生物多样性保护及其可持续利用相关的联邦法律包括：《俄罗斯联邦环境保护法》《自然保护区法》《动物世界法》《渔业和水生生物资源保护法》《水产养殖法》《狩猎资源保护法》《湿地保护与利用法》《森林法典》《水法典》《土地法典》《基因工程领域国家调控法》《生态鉴定法》等。

根据 2002 年 1 月 10 日颁布的《俄罗斯联邦环境保护法》第 3 条，保护生物多样性只是保护环境的基本原则之一，但法律并没有明确规定这一原则的适用范围。因此，在俄罗斯的实践中，保护生物多样性的主要措施就是建立各级各类的保护区来保护动植物，尤其是珍稀和濒危动植物和菌类。

《俄罗斯联邦行政违法法典》和《俄罗斯联邦刑法典》对非法开发动植物资源、危害珍稀和濒危动植物种、破坏保护区的行为都有明确的惩罚措施。2009—2014 年俄罗斯通过了一系列立法，旨在加强政府对动物、狩猎资源、渔业和水生生物资源保护的监督。例如，2011 年俄罗斯自然资源与生态部发布新的《动物普查与国家监测规范》，加强对动物物种的监测与保护；为了打击偷猎，规定狩猎工人有权保护指定的狩猎区，包括核查狩猎许可证；非法捕捞和贩运《俄罗斯联邦红皮书》或受俄罗斯签署的国际条约保护的珍稀野生动物和水生生物资源，如阿穆尔虎、豹、北极熊、大型猎鹰、鲟鱼等，将被定为犯罪行为；为了打击野生动物的走私，濒危物种和毛皮被列入战略物品和资源清单中。此外，为应对基因改造生物带来的不利影响，2016 年俄罗斯立法规定，禁止往俄罗斯境内进口或在境内种植基因经过非天然改造的种子。

《俄罗斯联邦红皮书》是为确定珍稀和濒危野生动植物、真菌种类而编制的基础性国家文件。不同于其他国家，俄罗斯的红皮书具有一定的法律效力，被纳入《俄罗斯联邦红皮书》的物种就自动受到法律保护。根据俄罗斯现行法律，红皮书至少每 10 年出版一次。此外，俄罗斯各联邦主体也编制各地区的红皮书。

2. 战略与规划

生物多样性保护是俄罗斯在制定国家战略与规划时考虑的重点之一，如《俄罗斯联邦至 2020 年长期发展构想》（2008 年）、《俄罗斯联邦至 2020 年国家安全战略》（2009 年）、《俄罗斯联邦至 2020 年国家政策战略》（2012 年）等都有与环境保护、生物多样性等相关的内容，而《俄罗斯联邦至 2030 年生态发展领域国家政策原则》（2012 年）、《俄罗斯联邦 2012—2020 年国家环境保护规划》（2014 年）、《俄罗斯联邦自然资源再生与利用国家规划》（2014 年）、《俄罗斯联邦至 2025 年生态安全战略》（2017 年）中更是有专门的篇幅来阐述生物多样性保护。其中，《俄罗斯联邦 2012—2020 年国家环境保护规划》中有“俄罗斯的生物多样性”子规划，总投资约 560 亿卢布。

此外，在生物多样性保护领域也有具体的实施战略，如《2020 年前联邦级保护区体系发展构想》《2030 年前珍稀和濒危动植物、菌类保护战略》等，以及针对珍稀动物物种的专项保护战略：《远东豹保护战略》（2013 年）、《阿穆尔虎保护战略》（2010 年）、《白熊保护战略》（2010

年）、《原麝库页岛亚种保护战略》（2008 年）、《雪豹保护战略》（2014 年）等，但最主要的战略文件还是 2001 年发布的《俄罗斯国家生物多样性保护战略》。

《俄罗斯国家生物多样性保护战略》的编制历时四年，期间四次征求各部委意见，召开两次国家杜马听证会，两次征求俄罗斯大型企业和非政府组织的意见，并广泛征求公众意见，最终在 2001 年召开的全国自然保护论坛上得以通过。此后，还配套出台了《〈俄罗斯国家生物多样性保护战略〉行动计划》。但随着国际环境保护形势和俄罗斯国内生物多样性保护任务的变化，俄罗斯目前正在研究出台新的生物多样性保护战略。

根据俄罗斯的环保规划与战略，在生物多样性保护领域的主要任务包括：

（1）加强保护并发展联邦、区域和地方级保护地体系，严格遵守保护地用途和保护目标。

（2）建立一个有效保护珍稀和濒危动植物的措施体系。

（3）建立不同级别、不同类别的保护地体系，并保障其可持续运作，以保护生物和景观多样性。

（4）防止外来（入侵）动物、植物和微生物物种在俄罗斯联邦境内不受控制地扩散。

（5）保护野生动物遗传资源。

（6）解决贝加尔湖自然区、北部和北极区域、北方、西伯利亚和远东土著少数民族传统自然资源利用区的生态问题。

三、生物多样性保护措施与成效

（一）保护措施

根据《俄罗斯联邦 2012—2020 年国家环境保护规划》中“俄罗斯的生物多样性”子规划，俄罗斯在生物多样性保护方面采取了各种有效措施，主要包括以下几个方面：

（1）完善生物多样性保护领域的法律体系。制定相关的法律法规和技术方法文件，开展旨在完善法律体系的科学研究，编制《俄罗斯联邦红皮书》等。近年来，俄罗斯对《动物法》《保护区法》《林业法典》等分别进行了修订。

（2）建设国家自然保护区网络，保护动植物栖息地。持续扩大保护区面积和数量，加强对保护区的管理，加大对保护区的资金支持力度，对保护区工作人员开展专业培训等。例如，2017 年俄罗斯新建保护区四处。

（3）加强生物资源利用方面的监管。实施动物（狩猎资源除外）利用和保护的许可制度，由联邦自然资源利用监督局核发动物资源利用与开发方面的许可证；严格管理保护区内的生物资源利用与开发；防范森林火灾等；针对纳入《俄罗斯联邦红皮书》的动植物物种实施重点保护和监管。

（4）开展生物多样性保护领域的科学研究与监测。俄罗斯对珍稀动植物物种现状持续开展监测与普查，分析其发展趋势，并提出保护建议。同时，俄罗斯建立了自然环境污染和植被状况综合监测网络，共设立 30 个监测站点，主要设立在破坏或可能破坏森林的大型工业企业附近和被列为自然遗迹的珍贵森林里，系统采集生物多样性数据，包括生物物种数量、栖息地状况、特有物种栖息和扩散情况等。

（5）加大生物多样性保护方面的宣传与教育。举办公众参与的生物多样性保护活动，如“地球一小时”活动、“世界环境日”和“老虎日”主题活动等；在保护区开展生态旅游；加大环保公益广告的投入；保障生物多样性保护方面的信息公开等。

（6）开展生物多样性保护领域的国际合作，包括落实《生物多样性保护公约》、与邻国建立跨界自然保护区、在边境地区开展跨界自然保护合作等。例如，俄罗斯与中国、蒙古国开展达乌尔国际保护区合作，与哈萨克斯坦建立“大阿尔泰”跨界生物圈保护区等，2017 年俄蒙达乌尔景观被纳入世界遗产名录。

2018 年 12 月发布的国家项目“生态”下正在加紧推进实施“生物多样性保护和生态旅游发展”联邦项目。主要任务包括：

一是将自然保护地面积扩大至少500公顷。2021年年底前，通过新建至少20个新的自然保护地，将保护地总面积扩大至少400万公顷；2024年年底，通过新建至少24个新的自然保护地，将保护地总面积扩大至少500万公顷。

二是保护生物多样性，包括重新引入珍稀动物物种。2019年年底前，完善相关法律法规，更新《俄罗斯联邦红皮书》，确定需要优先恢复和重新引入的物种，制定个别珍稀和濒危动物物种保护战略与规划。2021年年底前，发起“企业与生物多样性”倡议。2024年年底前，落实珍稀和濒危动物物种恢复与再引入措施，确保其数量增加。

三是保护地的参观人数增加至少400万人次。通过吸引非财政资金，建设和发展国家公园生态旅游基础设施，促进国家公园旅游产品的不断发展。

（二）主要成效

（1）生物多样性保护和可持续利用的相关内容被纳入国家长期发展战略与规划文件。例如，2018年5月普京总统批准的《俄罗斯2024年前国家发展目标和战略任务》中指出，要保护生物多样性，新建至少24个保护区。

（2）自然保护地面积扩大。近年来，俄罗斯不断新建保护区，并对原有保护区进行整合，仅2017年俄罗斯就新建了4个联邦级的保护区。截至2018年年底，俄罗斯自然保护地面积比2010年增加了3 310万公顷（16%），保护地面积占国土面积的比例从2010年的12.3%上升至13.9%。

（3）森林面积相对稳定。根据俄罗斯联邦林业局的数据，近八年来，俄罗斯境内森林面积没有大幅变化，基本稳定在7.7亿公顷左右，占其国土面积的46.4%。

（4）珍稀和濒危物种种群数量有所恢复或增加。东北虎数量从2004年的450只左右增至2017年的540只，2017年俄罗斯“豹地”国家公园共监测到103只东北豹，2018年阿穆尔州东方白鹳数量比2004年增加了近两倍，欧洲野牛数量也稳步增长。

（5）对非法捕猎和买卖有特殊价值的动植物物种的惩罚更加严厉。

（6）对生物多样性保护领域的关注度和投资力度不断加大。

四、生物多样性领域的国际合作

（一）国际公约履约情况

俄罗斯积极履行生物多样性领域的相关国际公约，主要包括《生物多样性公约》《濒危野生动植物种国际贸易公约》等。

《生物多样性公约》（1992 年）。俄罗斯于 1995 年批准《生物多样性公约》，俄罗斯自然资源与生态部负责协调公约履行情况。《生物多样性公约》中的相关条款被纳入俄罗斯环保立法文件中，为落实该公约，2001 年，俄罗斯出台《国家生物多样性保护战略》，配套实施相关行动计划。2015 年俄罗斯编制《俄罗斯的生物多样性保护第五次国家报告》。

《濒危野生动植物种国际贸易公约》（1973 年）。苏联于 1973 年签署公约，1976 年公约正式生效，俄罗斯联邦于 1992 年成为公约缔约方。俄罗斯联邦自然资源利用监督局是该公约的主要行政机构，负责发放动植物种贸易和进出口的相关许可证。

《关于特别是作为水禽栖息地的国际重要湿地公约》（1971 年）。苏联于 1976 年加入该公约。目前，俄罗斯有 35 处湿地被纳入国际湿地名录，总面积超过 1 000 万公顷，此外，克里米亚还有 6 处国际湿地。俄罗斯的湿地是其水禽的主要栖息地。

《保护迁徙野生动物物种公约》（《波恩公约》，1979 年）。俄罗斯暂未签署《波恩公约》，只是该公约的观察员国，但是该公约框架下《关于白鹤保护措施的谅解备忘录》（1993 年）和《关于赛加羚羊保护、恢复和可持续利用的谅解备忘录》（2006 年）的缔约方。为落实备忘录，俄罗斯制定实施赛加羚羊物种保护与修复行动计划，定期开展监测。

《联合国教科文组织保护世界文化和自然遗产公约》（1972 年）。苏联于1988年批准该公约。俄罗斯有10个自然遗产和16个文化遗产被列入世界遗产名录，涵盖俄罗斯32个保护区。其中3个俄罗斯自然遗产（科米原始森林、贝加尔湖、勘察加火山）被列入世界十大遗产。

《国际荒漠化公约》（1994年）。俄罗斯于2003年批准加入该公约，俄罗斯自然资源与生态部制定了《防治荒漠化综合措施》，提出在联邦和地方层面应采取的措施。此外，俄罗斯正在积极编制《土地退化零增长国家计划》。

《国际捕鲸管制公约》（1946年）。苏联于1948年批准该公约，1979年终止了捕鲸行业。现如今，俄罗斯继续积极参与国际捕鲸委员会的工作。

（二）其他多（双）边合作

在多边合作方面，俄罗斯持续与相关国际组织开展生物多样性保护领域的合作和项目，包括亚太经合组织、联合国环境规划署、联合国教科文组织、经济合作与发展组织、北极理事会、联合国亚洲及太平洋经济社会委员会等，拓展与非政府环保组织的联系，如世界自然基金会，同时，俄罗斯积极参与上海合作组织、金砖国家、独联体框架下的生物多样性保护合作，还发起了两个关于物种保护的国际论坛和倡议：全球老虎峰会、圣彼得堡倡议书。

在双边合作方面，俄罗斯与50多个国家开展了生态环保领域的双边合作，在生物多样性保护领域合作紧密的国家包括中国、韩国、哈萨克斯坦、日本、乌兹别克斯坦、亚美尼亚、白俄罗斯、吉尔吉斯斯坦、伊朗、芬兰、蒙古国、挪威、德国、美国等。其中，与中国建立了跨界保护区和生物多样性保护工作组，开展保护区管理和东北虎、东北豹、候鸟等物种保护合作，与哈萨克斯坦共同实施珍稀和濒危动植物物种研究与拯救项目，与蒙古国共建达乌尔国际保护区，与韩国建立珍稀物种保护分委会，与日本开展鸟类保护合作，与芬兰探索在边境地区建立保护区网络，与德国交流生物多样性保护经验，与美国开展白熊等哺乳动物和候鸟保护合作等。

参考文献

[1] Государственный доклад «О состоянии и об охране окружающей среды Российской Федерации в 2018 году». М.：Минприроды России；НПП «Кадастр»，2019. 844 с.

[2] Пятый национальный доклад «Сохранение биоразнообразия в Российской Федерации». М. Министерство природных ресурсов и экологии Российской Федерации，2015 г.，124 с.

[3] Стратегия и План действий по сохранению биологического разнообразия Российской Федерации. Министерство природных ресурсов и экологии Российской Федерации，2014 г.

[4] 张旭，国庆喜 . 俄罗斯远东地区生物多样性保护与研究进展 [J] . 世界林业研究，2007（5）：44-47.

俄罗斯自然保护地生态环境监管研究

李 菲 王语懿 张光生[①]

摘 要 俄罗斯于1917年建立了第一个国家级自然保护区，经过百年发展，形成了一套较为先进的自然保护地体系，分级分类进行管理和监督，并有专门的监管机构和队伍。当前，我国正在加快建立以国家公园为主题的自然保护地体系，建立健全自然保护地生态环境监管制度。为此，本文研究俄罗斯自然保护地的发展历程与现状，重点分析俄罗斯自然保护地的生态环境监管体系，包括法律法规、监管机构、监管制度和措施等，总结其特点，并为我国自然保护地监管体系的完善和深化中俄环保领域合作提出政策建议。

关键词 俄罗斯；自然保护地；监管；经验；合作

2019年6月26日，中共中央办公厅、国务院办公厅印发了《关于建立以国家公园为主体的自然保护地体系的指导意见》，要建成中国特色的以国家公园为主体的自然保护地体系，推动各类自然保护地科学设置，建立自然生态系统保护的新体制、新机制、新模式，建设健康、稳定、高效的自然生态系统。在自然保护地体系建设中，生态环境部负责国家公园等各类自然保护地的监管工作。目前，中国正在加紧出台《自然保护地生态环境监管暂行办法》，建立健全自然保护地生态环境监管制度，开展“绿盾”自然保护地强化监督工作。

俄罗斯于1917年建立了第一个国家级自然保护区，经过百年发展，形成了一套较为先进的自然保护地体系，在保护地监管方面也积累了丰富

① 李菲、王语懿，生态环境部对外合作与交流中心；张光生，江南大学教授。

的经验。

一、俄罗斯自然保护地发展历程与现状

（一）俄罗斯自然保护地的发展历程

俄语中自然保护地称为 особо охраняемых природных территорий（ООПТ），译为“特别自然保护区域”，在俄罗斯联邦法律中定义为“分布着具有特殊的自然保护、科学、文化、美学、娱乐和保健意义的自然综合体及保护对象的地域、水面及其空域，且根据国家权力机关的决议，全部或部分不再作为经营用地，并实行特殊保护制度的区域[①]”。

早在古罗斯时期，俄国就已经出于军事或经济因素考虑，将部分区域进行特殊保护。16 世纪，俄国确立了防御禁区的保护制度；17 世纪，宣布对沙皇狩猎地和西伯利亚地区（以保护黑貂）进行保护；18 世纪，禁止砍伐有价值的树木和河边的森林；19—20 世纪，发现自然区域保护的科学价值[②]。俄罗斯于 1917 年建立了第一个国家自然保护区——巴尔古津斯克保护区，自此开始了自然保护地体系的发展和建设。从探索建立保护区到现在自然保护地体系的逐步完善，俄罗斯自然保护地的发展历程大致经历了五个阶段：

第一阶段（1890—1917 年）：探索阶段。专家学者提出了现代自然保护地的想法和概念，俄罗斯地理学会常设自然保护委员会，并于 1917 年建立了第一个国家自然保护区。

第二阶段（1918—1940 年）：初期发展阶段。将自然保护地网络积极纳入国家的空间发展规划，制定了严格的野生动物保护制度；1937 年就采用“自然纪事”作为监测自然保护地生物群落和生态系统状况的模式，认为保存历史记录是保护地的主要责任。

① Федеральный закон от 14.03.1995 № 33-ФЗ «Об особо охраняемых природных территориях».

② http：//oopt.tilda.ws/#rec11778851.

第三阶段（1940—1959 年）：破坏阶段。第二次世界大战发生后，苏联认为自然保护地会成为间谍和破坏分子的庇护所，保护区被大规模破坏，伐木和农用地需求增加；1951—1959 年，当时 128 个自然保护区中，108 个被关闭，这导致保护地面积锐减[①]。

第四阶段（1967—1982 年）：恢复阶段。开始重建国家的自然保护制度，自然保护地也逐步得到恢复和重建。1982 年，苏联最高苏维埃会议决定编写《俄罗斯联邦红皮书》。

第五阶段（1983 年至今）：现代发展阶段。随着 1983 年第一个国家公园的建立，联邦和地区级自然保护地网络积极发展；在第一个自然保护地成立 100 年之际，俄罗斯宣布 2017 年为自然保护地年，2018 年年底开始发布实施“生态”国家项目，在此框架下，俄罗斯新建了一批联邦和地区级保护区，自然保护地面积显著增加。

（二）俄罗斯自然保护地的类型和现状

俄罗斯最早是准备按照美国国家公园的模式建立自然保护地体系，早在 1917 年就编写了《关于需要按照美国国家公园的模式建立自然保护区的典型地区》报告，但实践证明，美国经验不符合俄罗斯的实际。根据《联邦特别自然保护区域法》第 2 条第 2 款，俄罗斯自然保护地分为六种类型（表 1）。除这六种类型外，俄罗斯地方政府还可以根据法律建立其他类型的地区级（联邦主体级）和地方级的自然保护地。

俄罗斯的自然保护地分为联邦级、地区级（联邦主体级）和地方级三级进行管理。国家自然保护区和国家公园属于联邦级自然保护地，国家自然禁猎区、自然遗迹、树木公园及植物园可为联邦级或地区级，自然公园属于地区级自然保护地。

① https：//ugraoopt.admhmao.ru/istoriya-zapovednogo-otdela/istoriya-razvitiya-osobo-okhranyaemykh-prirodnykh-territoriy-v-rossii/.

表 1　俄罗斯自然保护地主要类型

序号	类型	主要特征
1	国家自然保护区（包括国家生物圈自然保护区）	未受到人为干扰、具有生物多样性典型代表的区域，包括珍稀濒危及有经济、科学价值的野生动植物及其栖息、生长地。完全禁止经济等活动，实施最严格的保护制度
2	国家公园	自然环境维持原始状态，经济和其他活动受到限制，旨在保护自然和文化遗产，并用作休闲目的。国家公园一般划为核心区、特殊保护区、休闲娱乐区、文化遗产保护区、经营管理区、自然资源初级利用区
3	自然公园	具有生态、文化与休闲娱乐价值的自然区域，相应地禁止或限制经济等方面的活动，为地区级特别自然保护区域
4	国家自然禁猎区	对保护或恢复自然生态系统及其组成部分、维持生态平衡有特殊意义的区域（水域），不能位于国家自然保护区或国家公园区域内
5	自然遗迹	具有生态、科学、文化和美学意义的、独特的、损失后无法弥补的、珍贵的自然综合体，在自然遗迹所在地区及其缓冲区，禁止任何破坏自然遗迹完好性的行为
6	树木公园和植物园	为保护植物及其多样性、专门保存植物基因而建立的特别自然保护区域，可分为不同的功能区，如展览区、科学实验区、行政管理区

截至 2018 年年底，俄罗斯约有 1.2 万个自然保护地，面积约 2.38 亿公顷（包括海域面积），占俄罗斯国土面积的 13.9%。保护地中占绝大多数的是地方级自然保护地，联邦级自然保护地共 290 个，其中包括：110 个国家自然保护区、56 个国家公园、60 个国家自然禁猎区、17 个自然遗迹、47 个树木公园和植物园等。联邦级自然保护地中面积占比最大的是国家自然保护区（48.3%），其次是国家公园（32.7%）。此外，截至 2018 年年底，俄罗斯有 11 处世界自然遗产、1 处世界文化遗产、40 个国际重要湿地、45 个生物圈保护区和 6 个跨界自然保护区[①]。

① 数据来源：《2018 年俄罗斯联邦环境状况及其保护情况国家报告》。

二、俄罗斯自然保护地生态环境监管体系

（一）监管法律法规

俄罗斯自然保护地生态环境监管方面的主要法律是《联邦特别保护自然区域法》，该法为这一领域的法律管理奠定了基础，并为俄罗斯的自然保护地网络发展和管理提供了充分的法律保护。《联邦特别保护自然区域法》以《俄罗斯联邦宪法》的相关规定为基础，明确了自然保护地，即特别自然保护区域的定义、类型、管理机构和监管制度等，自 1995 年颁布后，经过了多次修订。

与自然保护地生态环境监管相关的其他联邦法律包括《土地法典》《森林法典》《水法典》《行政违法法典》《刑法典》《俄罗斯联邦环境保护法》《动物法》《渔业和水生资源保护法》《生态鉴定法》等。政府决议和命令包括：2011 年《联邦级特别自然保护区域体系 2020 年前发展构想》政府命令、2012 年《特别自然保护区域保护及利用方面的国家监督》政府决议、2015 年《关于需接受联邦国家生态监督的区域的划定标准》的政府决议、《特别自然保护区域核心区划定准则》等，还有俄罗斯自然资源与生态部和地方政府发布的一些命令。

针对不同类型的自然保护地，俄罗斯还出台了不同的条例，如俄罗斯政府发布的《国家自然保护区条例》《国家自然公园条例》，以及俄罗斯环境主管部门发布的《国家自然禁猎区总则》《联邦级自然遗迹条例》和针对单个联邦级树木公园和植物园出台的管理条例。

此外，俄罗斯用于收录稀有和濒危野生动物、野生植物和真菌以及某些亚种和当地种群的《俄罗斯联邦红皮书》作为国家文件，也具有一定法律效力，列入红皮书的物种自动受到法律的保护，禁止偷猎、采摘和交易。

（二）监管机构和组织

1. 管理和监督机构

俄罗斯对自然保护地进行分级管理。联邦级、地区级和地方级自然保护地分别由自然资源与生态部、联邦主体权力机构、地方自治机构来进行管理。俄罗斯自然资源与生态部负责管理联邦级的自然保护地，即国家自然保护区、国家公园和部分国家自然禁猎区，管理方式主要有三种：一是在保护地设立专门管理机构，如“豹地”国家公园联合管理局，局长由自然与生态部部长任命；二是实行大自然保护区域管理，如哈巴罗夫斯克边疆区自然保护区和国家公园联合管理署，整合了 3 个国家自然保护区、2 个国家公园和 4 个国家自然禁猎区，实行综合管理；三是委托国家科研机构、高等教育组织管理[①]。

俄罗斯对自然保护地的监督分为国家监督和市政监督。联邦级和地区级自然保护地实施国家监督，分别由联邦权力机构和联邦主体权力机构来负责。地方级自然保护地实施市政监督，由地方自治机构根据市政法律法规来负责。监督的主要任务是预防、查明和打击自然保护地内的环境违法行为，包括：是否符合自然保护地制度，是否违反土地、自然资源和其他不动产使用规则，是否遵守自然保护地核心区规定等。

根据 2012 年《联邦级特别自然保护区域保护及利用方面的国家监督》的政府决议，自然资源与生态部的下属机构——联邦自然资源利用监督局对联邦级自然保护地实施国家监督，而成立了专门管理机构的联邦级自然保护地，国家监督职能则由该管理机构相关人员和国家环保监察员负责。国家监督主要通过定期检查、突击检查、文件检查和现场检查来进行，检查的对象主要是在保护地内开展经营活动的个人或企业，以及位于保护地区域内的公民是否遵守了相关规定。

2. 监督行动组

行动组是国家自然保护区和国家公园的常设组织，目的是加强对自然

① 唐小平，陈君帜，韩爱惠，等．俄罗斯自然保护地管理体制及其借鉴［J］．林业资源管理，2018（4）：154-159.

保护地的保护和执法力度。行动组根据国家自然保护区和国家公园的命令成立，由生态环境监管经验丰富、专业水平较高、纪律严明和积极主动的国家监察员组成。除了在国家自然保护区和国家公园内设立一个或多个主要行动组，还可以在其分支机构、林业管区等设立行动组。行动组成立后就相当于一个独立的区域保护部门。必要时，在成立新的行动组时，可根据资金条件，对保护地内的人员编制进行适当的更改。

在一个国家自然保护区或国家公园的机构中，若需要采取额外措施保护季节性集聚或迁徙动物，以及保护稀有动物物种，在保护地负责人的命令下，可将两个及以上的行动组合并成保护动物的专门队。

行动组的人数、具体组成和组长由国家自然保护区或国家公园负责人确定。行动组只向国家自然保护区或国家公园的主任和分管副主任报告工作。在开展活动时，行动组不需要与保护区或国家公园的附属机构、林业管区、分支机构、科研机构和其他部门协商，也不需要事先通知保护区或国家公园的工作人员。行动组的主要任务包括 9 项，见表 2。

表 2　俄罗斯自然保护地监督行动组工作任务

序号	工作任务
1	打击国家自然保护区（国家公园）及其受特别保护区域内的盗猎和其他违反特别保护制度的行为
2	对其监管区域进行系统巡逻，以防止、查处和制止违反特别保护制度的行为，预防火灾，防止保护地内生态环境状况恶化
3	监督国家自然保护区（国家公园）内进行的科学研究、生态教育、娱乐、设计勘察、林业、农业、养护、建筑等活动
4	监督国家自然保护区（国家公园）内的动物开发和狩猎（包括捕捞鱼类、海洋哺乳动物和水生无脊椎动物）行为
5	监督游客、国家自然保护区（国家公园）工作人员等遵守保护地规章制度的情况
6	参与消灭森林和其他植物火灾，对森林和其他区域进行定期和突击检查，并进行巡回检查

续表

序号	工作任务
7	监督国家监察员关于环境违法行为记录的正确性和及时性
8	检查工作人员储存和使用通信设备、工作器械、弹药、烟火和特殊设备的程序是否合规
9	参加对监察员的培训，研究和推广保护地生态环境保护的先进经验

资料来源：М. Л. Крейндлин. Охрана федеральных ООПТ：правовые основы и практика правопри-менения，2016.

（三）监管制度

1. 环保监察员制度

环保监察员分为国家环保监察员和社会监察员。

国家环保监察员，即国家监管机构的负责人，在俄罗斯自然保护地监管中发挥着重要作用。国家环保监察员有工作证和标准制服，配备防弹衣和个人防护用品。根据俄罗斯联邦法律，国家环保监察员有权使用特殊手段执行公务，如手铐、橡皮棒、催泪瓦斯、用于强制停车的装置和服务犬。根据《俄罗斯联邦环境保护法》，国家环保监察员开展相关监管活动时有 6 项具体职权，见表 3。

表 3 国家环保监察员职权范围

序号	职权范围
1	根据书面质询书向国家权力机关、地方自治机关、法人、个体经营者和公民查询和获得开展检查所必需的信息和文件
2	通过出示工作证和国家监管机关领导（副职领导）颁发的检查命令（指令）副本，无障碍地进入法人、个体经营者和公民开展经济和其他活动时所用的区域、建筑、房屋、构筑物，包括净化处理设施，进行巡视，检查其他无害化处理装置、控制工具、技术和交通工具、设备和材料，并进行必要的研究、试验、测量、调查、评估和其他监督措施
3	向法人、个体经营者和公民发布指令，要求消除已查明的违反强制性要求的行为，采取预防给植物、动物、环境、国家安全、个人和法人财产、国有或市政财产等带来损害，预防自然和人为紧急情况的发生

续表

序号	职权范围
4	编制违反强制性要求相关的行政违法行为记录，审理上述行政违法案件并采取措施预防上述违法行为发生
5	向全权机关递交环保领域相关违法行为的材料，以便根据犯罪事实提起诉讼
6	按照俄罗斯联邦立法规定程序，对因违反强制性要求而造成的环境和环境要素损害提起赔偿诉讼

值得注意的是，国家环保监察员的执法权限比较大，有权对个人、经营者及其物品、文件、车辆进行检查，可以将违法人员暂时拘留在国家自然保护区或国家公园内，并将其移交法律机关；有权扣押违法人员作为犯罪工具的物品、运输工具和其他物品。

社会环保监察员。除国家环保监察员外，有意愿自愿、无偿协助国家监管机关进行环境保护活动的公民，可以作为社会环保监察员实施环境保护领域的社会监督。社会环保监察员也有工作证，开展相关监管活动时也有 6 项具体职权，见表 4。

表 4　社会环保监察员职权范围

序号	职权范围
1	用拍照、录像等方式记录环境保护和自然资源利用领域的违法行为，将包含行政违法行为事实的数据材料递交到国家监管机关
2	采取措施保证违法行为现场的物证完整
3	口头通知自然人有关其在环境保护领域违法行为的信息
4	协助实施野生动物及其栖息环境保护国家规划的实施
5	向俄罗斯联邦国家权力机关、俄罗斯联邦主体国家权力机关、地方自治机关，责任人和组织提出请求，要求其及时、准确地提供进行社会生态监督所必需的，有关环境状况、所采取的环保措施、开展对环境造成不良影响、威胁人类生命、健康和公民财产的经济活动和其他活动等情况的可靠信息
6	参与对居民的生态教育活动

2. 自然保护地国家登记制度

为评估自然保护地的状况，明确自然保护地网络发展前景，提高国家监管效率，俄罗斯实行自然保护地登记制度。自然保护地国家登记册分为两类：联邦级自然保护地国家登记册和地区、地方级自然保护地国家登记册，分别由自然资源与生态部和地方权力机构进行管理。登记册的管理指的是对自然保护地的信息进行收集、机构化处理、保存、汇总和核算等，但不包括自然保护地一手信息的准备、更新和提交。

登记册按照统一的规则进行管理，使用统一的信息存储格式，并遵守与国家自然资源登记册兼容和可比的原则。自然保护地国家登记册每四年更新一次，非特殊情况下信息都是公开的。

根据自然资源与生态部2012年发布的《关于确定自然保护地国家登记册管理规则》的命令，自然保护地登记的内容应包括：自然保护地的名称、类别、级别、登记册编号、运行状况、创建或重组日期、建立或重组的目标和意义、成立的法律文件、管理部门隶属关系、国际地位、世界自然保护联盟（IUCN）分类中的类别、独立或不毗连的自然保护地/水域的数量、行政位置、地理位置、总面积、需特别保护的区域（核心区）面积、保护地边界、边界内是否有其他自然保护地、自然特征、土地图例和说明、不利影响因素和威胁、负责保护和经营保护地的法人、负责保护保护地的其他人员资料、保护和使用保护地的一般制度、保护地功能区划分、核心区保护制度、位于保护地境内土地所有者和利用开发者、教育和娱乐设施等共28项内容。

3. 环保检察制度

监督环境保护和自然管理领域法律的执行情况是检察机关的主要监督领域之一。环保检察制度是俄罗斯专门检察制度的一种，环保检察机关相当于联邦主体检察机关，监督对象既包括环保相关的政府机构，又包括经营主体、法人和个人等。当地方检察机关因为客观原因而无法保证完全执行环保领域的检察职能时，就会成立专门的环保检察机关。

环保检察机关的主要职责是：

（1）对国家环境管理和监督机构、法人、社会团体、机构负责人等进行检察，监督其落实环境立法的情况。

（2）核查为消除已查明的违法行为并将肇事者绳之以法所采取的措施的合法性和完整性。

（3）保护宪法中所规定的公民权利，包括保障公民享有良好自然环境、有关环境状况的可靠信息、赔偿因环境违法对其健康造成的损害。

目前，俄罗斯设立了 1 个全流域性的伏尔加河跨地区环保检察院；在 36 个联邦主体内建立起 42 个独立的、隶属于本联邦主体检察院的跨区环保检察院；而在另外 32 个联邦主体内，仍由区域性检察院负责对自然保护和自然利用立法的执行情况实施监督[①]。

三、俄罗斯自然保护地生态环境监管特点分析

俄罗斯自然保护地历经 100 多年的发展，形成了一套比较完善的监管体系，其生态环境监管的主要特点大体可以归纳为以下几个方面：

（1）形成了以国家自然保护区为主的自然保护地体系。俄罗斯于 1917 年建立了第一个国家自然保护区，于 1983 年建立了第一个国家公园。俄罗斯起初打算按照美国国家公园的模式建立自然保护地体系，但是，实践证明，这不符合俄罗斯的实际。经过不断探索，俄罗斯最终形成了以国家自然保护区、国家公园、自然公园、国家禁猎区、自然遗迹、树木公园和植物园为主的独特自然保护地体系。国家自然保护区是俄罗斯自然保护地的最高级别，实施最严格的保护制度。

（2）分级分类进行管理和监督，明确职责分工。俄罗斯自然保护地分为联邦级、地区级和地方级，联邦政府对国家自然保护区、国家公园实行直接管理，并根据保护地情况设立管理机构或联合管理局。这种既统一又分级的管理体制既能够防止政出多门、相互推诿，又划清了各级政府的事权与责任，有利于调动各级政府和部门的积极性[②]。近年来，俄罗斯又开始

① 刘向文，王圭宇．俄罗斯自然保护检察制度及其对我国的启示［J］．国外社会科学，2014（2）：54-63.

② 唐小平，陈君帜，韩爱惠，等．俄罗斯自然保护地管理体制及其借鉴［J］．林业资源管理，2018（4）：154-159.

实行大自然保护区域管理，对多个自然保护地进行统一管理，有利于保护整个区域的生态环境系统，提高管理效率。

（3）完善法律法规，构建立体监管法律体系。在自然保护地监管方面，俄罗斯颁布了从联邦到地方级的法律法规。在联邦层面，俄罗斯先后发布《俄罗斯联邦特别自然保护区域法》《俄罗斯联邦环境保护法》《野生动物保护法》等；针对不同类别的自然保护地，颁发了《国家自然保护区条例》《国家自然禁猎区总则》《联邦级自然遗迹条例》《国家生物圈自然保护区条例》《联邦级树木公园和植物园条例》等，几乎每个国家公园都有专门的保护条例。此外，地方也出台了对地区级和地方级自然保护地的管理和监管办法，形成了立体的监管法律体系。

（4）组建专门监管机构和队伍，保障监管实效。国家监察员是俄罗斯自然保护地生态环境监管的专门人员，定期巡逻和检查，以查明环境违法行为。国家监察员的权限较大，有工作证件、统一制服和必要的执法工具，可以对个人、经营者及其物品、文件、车辆进行检查，将违法人员暂时拘留在国家自然保护区或国家公园内，并将其移交法律机关，扣押违法人员作为犯罪工具的物品、运输工具等。

监督行动组是国家自然保护区和国家公园保护部门的常设机构，可根据自然保护地的需求灵活设定，作为保护地管理机构的一个单独部门。行动组除了对保护地的违法行为进行查处外，还可以监督国家监察员的环境执法行为是否合理。

（5）实行环保检察制度，强化环境司法保障。俄罗斯有专门的环保检察院，环保检察院的设立有着重要意义。一是环保检察院配备了掌握环境专业知识的人才，对生态环保领域活动的监督更具针对性和专业性；二是成立了专门的检察院后，检察队伍比较稳定，可保障监督检察工作持续开展；三是在环境执法时，环保检察院与生态环境保护机构的联系更紧密，能提高对环境立法执行情况的监督质量。

（6）调动公众参与，加强社会监督。俄罗斯非常重视环保教育和宣传。从自然保护地建设初期，就强调必须在学校和社会宣传关于自然保护的信息，建立了持续的环境教育体系，并开发了自然保护地生态旅游路线。俄罗斯将每年的1月11日定为俄罗斯保护区和国家公园日，开展大量保护地宣传工作。2017年是俄罗斯的自然保护地年，在强化公众对保护地的保护和监督意识方面开展了大量工作。

此外，俄罗斯鼓励民众参与社会生态监督，有意愿自愿、无偿协助国家监管机关进行环境保护活动的公民可以成为社会环保监察员，配合实施环境保护领域的社会监督。

四、俄罗斯自然保护地监管的经验借鉴及对俄合作建议

通过对俄罗斯自然保护地生态环境监管体系进行研究，总结其经验和特点，为我国自然保护地监管体系的完善和对俄环保合作提出以下建议：

（一）完善我国自然保护地监管体系的建议

一是强化立法保障，完善自然保护地生态环境监管法律法规。我国自然保护地监管方面的法律还比较缺失，在国家层面出台了《自然保护区条例》《风景名胜区条例》，各地方根据各自需求，陆续出台了地方的国家公园管理条例，但这远远不能满足自然保护地管理的需要。因此，建议加快自然保护地相关法律法规和制度建设，从国家层面制定出台《自然保护地法》，完善《野生动物保护法》，为构建统一规范高效的自然保护地生态环境监管体系提供法律依据和法治保障。

二是健全自然保护地监管机构，理顺监管职责。国务院机构改革以后，生态环境部负责自然保护地的监管工作，但自然保护地的管理由国家林业与草原局负责，在保护地的监督和管理上仍存在交叉重叠的问题，影响监管效果。目前持续开展的“绿盾”自然保护地强化监督工作也涉及多个部门，协调力度较大。建议可借鉴俄罗斯经验，实行统一的分级分类管理和监督，或者设立专门的管理机构，明确中央和地方、各部门之间的职责，调动各方积极性。

三是强化监管人才队伍建设，实行常态化监督管理。目前，生态环保

体系已有的人才队伍与监管需求不匹配。俄罗斯环保监察员制度自然保护地生态环境监管方面发挥了重要作用，而国家自然保护区和国家公园中的监督行动组是其内设机构，可根据需求灵活设立，适时开展各类监督行动。建议我国逐步建设一支国家、省、市不同层次的自然保护地巡护监督队伍，打造我国自然保护地监管铁军，更有效、更专业、更常态地开展保护地的监督工作。

四是探索建立专门的环境检察机制。通过成立环境检察机构，赋予检察机关代表环境公共利益的重要职能，建设专业的环境检察队伍，促使生态环境检察监督工作和环境违法案件处理更专业、更深入、更具针对性，提高环境监管质量和效率，推进依法治国与生态文明建设相结合。

五是加强生态教育与宣传，推动公众参与生态环境监督工作。发展自然保护地的生态旅游，设立“自然保护地日”“国家公园日”等，并通过“六五环境日”、世界气候大会等机会加大自然保护地的宣传，增加社会大众对自然保护地的保护和监督意识；完善公众参与生态环境监管的政策和制度，确保公众参与的科学化、制度化、常规化；发挥好环保社会组织的作用。

（二）对俄环保合作建议

当前，在中俄总理定期会晤委员会环保合作分委会框架下，中俄双方成立了跨界保护区和生物多样性保护工作组，定期交流讨论自然保护地管理和监督工作进展。此外，地方保护之间结对开展合作，取得良好成效。根据分析研究，对深化中俄环保合作提出以下建议：

一是继续开展自然保护地监管经验交流，互学互鉴。在多（双）边合作框架下，分享自然保护地政策法规、监督管理、人员培训等各方面的经验，就自然保护地共同关心的问题开展交流。此外，可重点探讨国家公园建设、管理和监督方面的经验。

二是深化地方保护区之间的合作，推动形成从中央到地方的立体合作模式。目前，中俄双方主要在边境省份的跨界保护区之间开展定期交流与合作，未来在夯实现有合作基础的前提下，可推荐双方建设比较完善、有保护特色的非边境地区保护区参与合作，拓展合作网络。

三是加强野生动物保护方面的交流与合作。随着新冠肺炎疫情在世界各国的爆发，中俄双方对野生动物保护和监管的关注度显著增加，中国正在抓紧修订《野生动物保护法》，俄罗斯也不断更新《俄罗斯联邦红皮书》。建议双方加强合作，在边境地区自然保护地开展联合监测与巡护，共同打击边境地区野生动物非法捕猎、交易工作，维护两国生态安全。

参考文献

[1] 刘向文，王圭宇.俄罗斯自然保护检察制度及其对我国的启示[J].国外社会科学，2014（2）：54-63.

[2] 马永欢，黄宝荣，林慧，等.对我国自然保护地管理体系建设的思考[J].生态经济，2019，35（9）：182-186.

[3] 曲冬梅.环境检察专门化的思考[J].人民检察，2015（12）：64-68.

[4] 唐小平，陈君帜，韩爱惠，等.俄罗斯自然保护地管理体制及其借鉴[J].林业资源管理，2018（4）：154-159.

[5] 尤·依·彼尔谢涅夫，王凤昆.俄罗斯生态保护构架——特别自然保护区域体系[J].野生动物，2007（1）：39-41.

[6] Государственный доклад «О состоянии и об охране окружающей среды Российской Федерации в 2018 году». М.：Минприроды России；НПП «Кадастр»，2019. 844 с.

[7] История заповедного дела. https：//ugraoopt.admhmao.ru/istoriya-zapovednogo-otdela/istoriya-razvitiya-osobo-okhranyaemykh-prirodnykh-territoriy-v-rossii/.

[8] Охрана федеральных ООПТ：правовые основы и практика правоприменения. Методические рекомендации / Авт.-сост. М. Л. Крейндлин. —

М.：Изд-во Центра охраны дикой природы，2016.

[9] Постановление Правительства РФ от 24 декабря 2012 г. N 1391 «О государственном надзоре в области охраны и использования особо охраняемых природных территорий федерального значения»（с изменениями и дополнениями）.

[10] Приказ от 19 марта 2012 года N 69，«Об утверждении Порядка ведения государственного кадастра особо охраняемых природных территорий»，Министерство природных ресурсов и экологии Российсуой Федерации.

[11] Федеральный закон от 14.03.1995 № 33-ФЗ «Об особо охраняемых природных территориях».

[12] Федеральный закон от 17 января 1992 г. N 2202-I «О прокуратуре Российской Федерации»（с изменениями и дополнениями）.

[13] http：//oopt.tilda.ws/#rec11778851.

[14] https：//wwf.ru/what-we-do/bio/development-of-system-of-especially-protected-natural-territories/.

俄罗斯环境保护产业市场分析

段光正　王语懿　毛显强[①]

摘　要　俄罗斯是“一带一路”倡议中连接亚洲与欧洲的重要中转站，务实推动中俄环保合作对于引导中国的绿色服务、意识、标准和技术向“一带一路”国家“走出去”具有重要示范作用。目前，俄罗斯亟待调整产业结构，向绿色的“创新型经济模式”转变，为中俄开展环保产业合作带来了新的契机，在俄罗斯优先发展“绿色经济”的政策下，着力推动提高能源效率，改用减少环境损耗的最佳可行技术具有广泛的市场前景。结合俄罗斯环保产业发展的现状、机遇与面临的挑战，本文综合各种因素分析了俄罗斯的环保产业市场，并对中俄环保产业合作提出以下建议：一是确立以研制与生产污染治理与监测设备，固体生活废弃物管理，向生产领域和基础设施建设领域提供环保产品与服务作为环保产业与工艺合作的优先方向。二是优先发展中国东北与俄罗斯远东及西伯利亚地区的环保合作，依托大型科研综合体和老工业基地的研发和制造优势，以点带面，分阶段融入东北亚和亚太地区经济。三是创新合作模式，发挥企业主体作用。制定行政机关与企业的合作战略，加强科研机构与企业的联动作用，增强双方企业之间的互联互通，以联合科研潜力为基础建立合资工业企业。四是合作参与全球环境治理，对投资项目和基础设施合作项目建立一套筛选与跟踪机制，通过双边、多边机制推介中俄合作研发的环保工艺、最佳可行技术与产品。

关键词　俄罗斯；环保产业；双边合作

① 段光正、王语懿，生态环境部对外合作与交流中心；毛显强，北京师范大学教授。

一、俄罗斯生态环境问题及分析

能源和原材料的出口对俄罗斯经济增长的贡献率超过40%，个别年份达到了70%，能源型经济发展模式增加了俄罗斯经济的外部依赖性[1]，而在这些能源与材料开采、运输及使用的过程中，带来了一系列的环境问题。

（一）大气环境

2017年俄罗斯联邦的空气污染监测工作在244个城市和672个站点进行。俄罗斯联邦的44个城市（21%的地区定期观察空气污染）空气污染严重（API＞7）。在空气污染程度严重的城市有1 350万人居住，占俄罗斯联邦城市人口的12%。

2013—2017年，悬浮物质的年平均浓度增加了6%，固定源的排放量减少了15%；二氧化硫的平均年浓度下降了7%，固定和移动源的总排放量减少了12%；年平均氮氧化物浓度下降了15%，而固定和移动源的总排放量没有显著变化；苯并［a］芘的平均浓度降低了10%，固定污染源的排放量减少了6%。2013—2017年甲醛的平均年浓度变化不大。

俄罗斯国内大气污染的原因主要是温室气体排放和汽车尾气超标排放。近年来，温室气体排放量不断增加，其主要来源是矿物性燃料燃烧产生的气体。冶金、化工、石化、建筑、能源等企业经营活动活跃，然而大多工厂企业设备老化，缺少现代化的污染控制装置，造成大量有毒物质和废气的排放，其中二氧化硫的排放问题尤为显著。在汽车尾气超标排放方面，2000—2014年，俄罗斯汽车保有量增加了93%。汽车尾气的排放量在2014年占到了所有排放物质的41%。在大型城市，大气污染中机动车尾气污染占50%～90%。

2017年，大气污染物排放总量为3 282.82万吨（比上年增加1.4%），包括来自固定来源1 747.62万吨（0.7%以上），机动车污染物排放量为1 444.82万吨（2.4%以上），铁路运输排放量为142.3万吨（比2016年减少 3.8%）。另外，机动车空气库中有害物质的排放量增加（从 2010 年起增加 9.4%），决定了所有空气污染源中有害物质总量的主要增加。

2017 年，制造业生产类活动占固定污染源排放总量的 33.2%，采矿业为 28.1%，电力、燃气和水的生产和分配为 20.3%。在 2017 年从固定污染源排放到大气中的 1 740 万吨污染物中，170 万吨为固体，1 570 万吨为气态和液态物质。固体、气体和液体物质的排放减少主要发生在 2000 年以后。2017 年，与 21 世纪初相比，固体、气体和液体物质的排放量分别减少了 42% 和 0.6%。

这些原因导致了空气中的污染物日益增多，如固体悬浮物、氧化硫、氮、碳氢化合物、硫醇、苯酚、氯化氢、氟化氢、甲醛、二硫化碳、氨、苯并［*a*］芘、铅以及其他有机物和无机物等。污染物质在土壤和土地、水体、动植物体内不断堆积，使其成为二次污染源。

（二）水环境

由于受到工业污水、生活污水以及农业用地地表径流的污染，国内用作集中式饮用水水源的水体中有 15% 不能满足卫生防疫要求。由全国各领域产生并排入地表水体的污水中，只有 63% 的污水被处理并达到规定要求。同时，约 18% 的污水完全未经处理就被直接排放。

俄罗斯境内有 6 198 处地下水被污染，占居民饮用水水源总量的 5% ~ 6%。原油和成品油分装的措施不当，对环境带来的危害是非常危险的，尤其是原油集输管道和大型输油管道破裂对石油烃开采、运输、转运和储存区域，包括俄罗斯联邦北极地区的环境造成的负面影响时间跨度非常大。

尽管 1990—2015 年，在减少污水排放方面取得了一定的成绩，但俄罗斯许多河流受到不同程度的污染。水化学观测网的观测数据，采用综合评价法评价地表水水质。根据河流和水库的污染程度将其分为几个等级，依据几个指标超出最高容许浓度的频率和次数，来测定水质污染单位指数。伏尔加河、顿河、莫斯科河、奥卡河、鄂毕河、奥赫塔河、普列戈利亚河、托博尔河、塔吉尔河等河流水质被评为“污染”，帕赫拉河、莫斯科河部分河段、亚乌扎河等被评为“严重污染”，伊谢季河、米阿斯河、克利亚济马河、丘索瓦亚河、佩利什马河等被评为“极重度污染”。

俄罗斯水体污染的主要原因是未经处理或处理不当的废水排放，包括没有污水处理设施、缺乏污水处理能力、过时废水处理的技术、乱抛垃圾或缺乏水体卫生的保护区。

作为工业大国与核大国，工厂污水、矿场酸性溶液、原油基础设施与油船漏油、核设施与核潜艇废料及农田杀虫剂与化肥等污染，令俄罗斯大部分河流、湖泊、港湾及海域的水质趋于恶化。俄罗斯还饱受核废料问题的困扰。俄罗斯每年产生大量核废料，尤其是冷战时期苏联使用的核潜艇大多面临老化和退役，废弃潜艇的核燃料及反应堆核心部件在拆卸与运输过程中容易发生放射性物质泄漏事故，这对北冰洋海域环境构成严重威胁，而巨额的核废料处理费用亦令俄罗斯政府难堪重负。此外，俄罗斯政府还担负着苏联遗留至今的多艘失事核潜艇的打捞与处理任务，在长期的海水侵蚀和巨大海洋压力作用下，这些长眠于海底的核潜艇一旦损毁，其内部放射性物质会给沉没海域及周边环境带来严重污染。

（三）土壤环境

几乎在俄罗斯全境都出现土壤和土地状况恶化的趋势。引起土地退化、土壤和植被层退化的主要不利因素有水侵蚀和风侵蚀、过湿、沼泽化、浸没、盐渍化和碱化，有一半以上的农用土地受到这些因素的影响。俄罗斯 27 个联邦主体共 1 亿多公顷土地出现不同程度的沙化现象，导致天然牧场绝产。

受到重金属、石油烃、其他有机物质和非有机物质污染的生产用地总面积约为 7 500 万公顷。工业综合体周围共 1 800 万公顷土地受到各种可以在土壤中聚集的污染物侵袭。超过 100 万公顷土地被破坏，失去其经济价值或成为环境污染源。俄罗斯大部分人口、生产企业以及最富饶的农用土地集中在 15% 的国土上，但这些地方的天然生态系统已遭到严重破坏，状况不断恶化。引起土壤污染的主要原因包括大规模工业土地开发、矿产开发，以及农药化肥的过度使用。

（四）固体废弃物处理

俄罗斯境内共堆积了300多亿吨生产废弃物和消费废弃物，占地48 000公顷。废弃物的数量每年以50亿吨的速度递增，是欧盟所有国家的2倍。在产生废弃物的地区当中，前十大地区就占了86%。根据废弃物的种类区分，主要来源是采矿业的矿物废弃物。对应每年从地下开采的自然资源，包括燃料、金属矿石和建材原料，以及生物量的使用量，相当于每开采1吨天然原料，将产生2吨废石及建筑垃圾等废弃物。另外，不容忽视的是，俄罗斯现存超过40万吨废弃物属于极其危险或高度危险废弃物。主要来源于以前使用的农用杀虫剂和电工设备中所含的持久性有机污染物，这种污染物的累计数量已超过7.5万吨。对老旧设备清点的结果显示，共有340处老旧工业设施给1 700万人口的生命和健康带来潜在危害，也对大量需要复垦但仍未恢复的土地和水域的生产潜能造成潜在威胁。如果加上未经批准的垃圾堆场，以及含有重金属、石油产品、盐和其他有毒化学品的污水未经处理而长年累月直接排入河流，造成河底堆积了数米深的沉积层，未经处理的废弃物已累计达到约1 500亿吨。

目前垃圾处理的主要方式是填埋，没有充分考虑垃圾深加工的可能性。《国家温室气体排放清单报告》的数据显示，2013年集中运走的城市固体废弃物中有97.6%被直接掩埋。每年新产生的废弃物中只有不到一半能得到无害化处理。俄罗斯现有的垃圾分拣、加工、回收处理或无害化处理装置的处理能力仅达实际需求量的1/4～1/3。生活垃圾分类收集体系及从事垃圾分类和再加工的企业缺乏，居民固体生活垃圾分类收集实施情况不良。2014年城市固体废弃物的收集率为87%，根据俄罗斯自然资源与生态部部长2017年公布的数据，现在生活垃圾的有效利用率为8%。而俄罗斯废弃物综合利用水平仅为3%，与欧盟国家的平均值40%相比，相去甚远。

未经无害化处理或二次利用就直接填埋的废弃物数量不断增加，每年造成的经济损失可达500亿卢布，其累积也会造成严重的生态问题。废弃物中原有的以及在废弃物存放期间新产生的有毒物质会在废弃物处置设施中堆积，这样会加大环境污染的风险，并且对废弃物处置设施周围相当大范围内的水、土壤和植被造成污染。受到持久性有机污染物污染的首先是生产和使用这些物质的地方，然而，由于河流和大气传播，使得更遥远的地方，包括俄罗斯联邦北极地区已开始受到这类污染物的影响。

亟须加快清理有累积效应的环境损害工程，确保废物二次利用的比重，并加强矿物原料的回收利用，使自然资源的利用率趋于合理。

（五）化学危害及核污染

俄罗斯境内共有1万多处具有潜在化学危险的设施，其中70%分布在146座人口超过十万的城市。这些设施绝大部分于40～50年前建成并投入使用，正常使用寿命不到15年，可到目前为止，这里的化学工艺设备已多次超出其使用寿命，已经老化并且磨损严重。2005—2009年，化学危险设施内平均每年发生130起意外事故。主要的大型管线均建于20世纪60年代到80年代，管道运输设施不断老化。目前大型管道的线路部分总长度超过24.2万千米，其中大型输气管道总长16.6万千米，大型输油管道总长5.25万千米，大型成品油管道总长2.183 6万千米，液氨管道总长1 400千米，大型管道输送系统共有超过7 000项设施。按照大型管道的平均额定使用寿命20年计算，目前已有32%的大型管道超过了额定使用年限，还有约8%的大型管道服役超过30年。

俄罗斯境内累积了约20亿吨不同类型的有毒废弃物。电镀厂的废弃物，以及含汞和含氯有机物的废弃物对环境的污染尤其大。以前的炸药和火药厂也还具有一定的威胁。原油炼制工业产生的废弃物，主要是危险程度为二级和三级的油渣。仅仅天然气综合体下属的国有企业，每年就会产生超过1万吨油渣。此外，其国内还累积了超过3.5万吨多氯联苯，它们被用作变压器油和油漆颜料工业的溶剂。俄罗斯境内累积了超过4万吨杀虫剂，《斯德哥尔摩公约》禁止在农业生产中使用这些杀虫剂。其中还包括持久性有机污染物，如二氯二苯三氯乙烷、六氯环己烷（六氯化苯）以及一系列有较强诱变性能和致癌性能的其他物质。必须将燃料动力企业、有色冶金和黑色冶金企业、采矿企业、工业其他领域的企业和农业企业列入具有潜在化学危险的设施之列。

伏尔加河与奥卡河交汇处，成为投放化学废料和有毒物品的天然垃圾场。白海里有 500 万吨废物，伊古姆诺夫约 5 000 万吨，是欧洲第二大垃圾场。专家们指出，目前缺乏有效的技术手段对有毒的工业废弃物进行回收和无害化处理。种树无法从根本上抑制污染的扩散，通常采用的热分解法又会造成新的大气污染。在这种复杂的情况下，许多邻近的村庄失去了自己的饮用水水源，依靠运水度日，而这又会导致社会压力。

此外，俄罗斯境内有放射性污染区，这些地区的某些公民有受到放射性辐射的风险。受到 1957 年“灯塔”生产联合体事故和 1986 年切尔诺贝利核事故的影响，核燃料循环企业和核武器生产企业的经营活动，以及开展核武器试验后的局部放射性污染，使受到放射性污染的地区的辐射水平偏高。在某些矿物，包括铀矿开采和加工地区以及天然放射性异常的地区，放射性污染水平偏高。

二、俄罗斯环保产业的发展与市场分析

俄罗斯依赖碳氢化合物出口的经济增长模式，在 1996—2016 年经历了三次危机，损失了 17% 的国内生产总值。这种发展模式极度依赖国际大宗商品的市场动态，却将产生的对环境的负面影响留在国内。经济结构及发展模式亟待调整，要选择一条经济发展与环境保护共赢的道路。环保产业的发展，必须与国家新的发展观结合起来，“绿色增长”理念和自然资源合理利用就是环保产业发展的行动纲领。

（一）俄罗斯环保产业现状

“环保产业”一词在俄罗斯尚未得到普遍使用，一般被认为是各种用

于降低或者防止经济活动以及其他活动对环境的影响，或者用于消除这些活动造成的后果的，工艺技术以及相关设备的研发、应用和推广，具体包括大气净化和无害化处理，污水净化，生产废弃物和消费废弃物加工、无害化处理和综合利用，被污染土地和水域的恢复，监控环境状况的设备。

目前，俄罗斯缺乏包含“环保产业”各企业的相关信息及其产品目录的公共数据库；几乎所有的环境监控系统和生产环保监督系统的设备和仪器均为进口产品；俄罗斯境内近 40 000 家从事给水和污水处理的国家单一制企业（市政单一制企业）（即“给排水设施管理局”）中，80% 的企业使用的设备已老化或严重磨损。在俄罗斯科学院全俄科技情报研究所、联邦工业产权研究所和全俄专利技术图书馆的数据库中，2014 年共有 186 条可用于对生产废弃物和消费废弃物进行加工（无害化处理）、恢复退化（污染）土地的工艺方案（设备），其中 80% 属于实验室的研究成果，然而俄罗斯联邦自然资源利用监督署在官网上公布的垃圾和各种垃圾利用及无害化处理工艺数据库，只包含了 14 种俄罗斯正在使用的工艺技术。

由于石油和天然气等主要能源的过渡消耗对环境造成了恶劣影响，世界各国开始关注提高能源效率及节能，重视研发和利用可再生能源及清洁能源。俄罗斯在能源消耗、石油开采与加工、电力生产、煤炭生产及提高能源利用效率、节能和环保等方面严重落后于发达国家和新兴经济体国家。2014 年，俄罗斯 GDP/ 万美元能耗为 15.9 吨标准油，是世界平均水平的 5.41 倍[2]。据俄罗斯专家分析，由于能源行业生产资料老化导致俄罗斯产能利用率仅为 78%，固定资产损耗超过 80%。俄罗斯从每吨石油中提取的汽油仅占 16%，重油占 30%，采油成本是海湾国家的 3 ～ 4 倍[3]。尽管俄罗斯石油产品出口量较大，但出口是以初级资源为主，附加值不高。

发展高新技术产业，研发高新技术装备，改造传统工业，提高能源生产、深加工及利用效率，将成为俄罗斯由能源经济向创新型经济转变的主攻方向。

（二）俄罗斯环保产业发展的政策因素

根据全球发展趋势，俄罗斯联邦不断扩充和健全环境保护领域的法律法规。“绿色增长”理念和自然资源合理利用就是这些变化的行动纲领。在俄罗斯总统的大力支持下，针对最迫切的环境保护问题，制定并通过了大量战略性和概念性文件，展示了国家环保部门高层领导有效解决国内环境保护问题的政策决心，近几年一共制定并通过了 9 部联邦法律和 50 多部行政法规。

2012 年批准通过了《俄罗斯联邦 2030 年前国家生态发展政策原则》。文件确定了国家在环境保护和保障生态安全方面的战略目标和主要任务，以及实施机制。文件认为，必须在经济现代化和创新发展进程中维护生态安全。

文中指出，“国家生态发展政策的战略目标是解决一系列社会经济问题以确保经济绿色增长，保持良好的自然环境、生物多样性和自然资源，以满足当代和未来的各种需求，实现每个人拥有良好自然环境的权利，加强环境保护领域的法律秩序和确保生态安全”。

这项国家政策包括一份内容丰富的现代化措施清单，这些措施可以形成一种有效的、具有竞争力的绿色增长模式，确保在合理利用自然资源和尽量减少环境影响的前提下发展经济。

2014 年通过了两部联邦法律，对于转型“绿色经济”其意义非同寻常:《关于规范对环境造成的负面影响和工业设施应用最佳可用技术的联邦法（第 219-FZ 联邦法）》和《国家生活垃圾和工业垃圾管理体系优化法》。

俄罗斯在发展“环保产业”方面的国家政策包括三个最重要的方面。首先颁布的联邦法律和法规，促进各经营主体采取措施减少对环境造成的负面影响并消除不利后果。其次颁布专项计划，包括研发环保产业所需工艺和设备应采取的各项措施。最后再倡议制订最佳可用技术信息技术手册（ИТС），用于发展环保产业。政策因素将有效促进环保工艺技术的研发、应用和推广。然而，这些文件的执行计划需要得到系统实施。

（三）俄罗斯环保产业发展的调控因素

为了鼓励开展环保工艺技术的研发、应用和推广，可采取的支持方式包括税收优惠和环境污染费用优惠、联邦预算拨款和各联邦主体预算拨款。通过降低为解决环境保护问题而进口的材料与设备的关税、实施优惠贷款或者无偿贷款、发放补助、提供科研津贴等方式，可促进环保产业的发展。同时，环保产业既可得到联邦级，也可得到地区级支持。

但调控政策仍需要不断完善。例如，企业排污费费率低，导致企业即使缴纳排污费，也比采取环境保护措施和投入固定资产净化排污更划算。需要对解决生态问题的企业进行经济激励。发达国家积极实施环境保护类固定资产加速折旧：不同国家净化设施的折旧期限定为 2 ~ 5 年不等，美国净化设施的折旧期限为 5 年，加拿大为 2 年，值得俄罗斯借鉴。另外，应当对环保产业提供贷款优惠政策，国家对生态贷款提供担保，对环境保护贷款利率提供补助。

俄罗斯已启动废弃物处置国家调控改革，开始形成一个新的经济领域——固体市政废弃物处理。俄罗斯联邦第 89-Ф 3 号《生产废弃物和消费废弃物法（修订版）》（俄罗斯联邦 2014 年 12 月 29 日颁布的第 458-Ф 3 号法修订）规定，俄罗斯在固体市政废弃物处置领域实行新的调控机制。然而，仍需明确废弃物处理各要素的优先原则和使用顺序、制定资金保障机制、建立公开可靠的信息库、设立统一协调中心等。

（四）俄罗斯环保产业发展的经济因素

欧盟生态税共计 3 300 亿欧元，其中能源税约占 2 500 亿欧元，交通运输税 670 亿欧元，剩余部分为排污费。在所有税收收入中生态税费超过 6%。这些资金中各级预算用于保护自然环境的费用约 900 亿欧元，工业和电力投入约 500 亿欧元，还有约 1 400 亿欧元为提供生态服务的专业单位（废弃物管理、污水净化等）。总的来说，欧盟用于环境保护的费用超过国内生产总值的2%，其中超过1%用于解决废弃物管理问题，0.5%多一点用于水处理，大约0.1%用于大气污染减排，约0.4%用于其他目的。2014年，俄罗斯用于这些目的的费用仅为国内生产总值的0.8%，而且还有下降的趋势。

俄罗斯应当加大对环保产业的投资力度，并扩宽融资渠道，广泛引进绿色金融产品。国际上许多基金与金融机构都遵循10年前由联合国发起的《责任投资原则》（约1 500人签名），以及各单位的生态责任和社会责任政策。10年间，依照这个原则完成的投资额翻了10番，在2016年达到62万亿美元。由于俄罗斯的生态风险过高，企业生态责任缺失，几乎没有自己的“绿色”金融产品市场，因此这些资金未能进入俄罗斯。

2012年普京在其竞选纲领中体现出以“创新经济”推动俄罗斯经济发展的基本思路，提出以创新为主导的新经济政策，规定到2020年高科技和知识产权部门的产值占GDP的比重达到50%，从事技术创新的企业占企业总数的25%；依靠高科技，一方面改造提升俄罗斯有竞争优势的传统产业，另一方面发展有竞争力的新兴产业；加大财政扶持力度，改善投资环境。俄罗斯的投资政策重点是鼓励资本流向生产领域和基础设施建设领域。环保产业应提高创新能力，充分运用高新技术在发展中站稳脚。

（五）俄罗斯环保产业发展的科技研发因素

从俄罗斯科研经费支出比例看，研发设备支出所占比重最大，均在50%以上。要实现经济发展模式的根本改变，最主要的任务是鼓励产业和科技部门建立更好的合作，提高科研成果的利用率，加速基础研究及应用研究的科技成果运用到生产实践当中去。俄罗斯科技评估资料显示，当今世界上102项尖端科技中，俄罗斯保持世界领先地位的有52项，具有世界一流水平的有27项；当今世界上决定发达国家实力的突破技术有100项，其中俄罗斯居于世界领先地位的有20项，接近世界水平的有25项[4]。这说明俄罗斯在发展高新科技方面，具备一定的基础。

苏联有强大的行业科研设计综合体，有能力从事生产和环保工艺与设备的研发、应用和推广。俄罗斯科学院西伯利亚分院催化研究所，是在环保工艺和设备方面仍起到举足轻重作用的大型科研综合体，拥有自己的生产基地，可生产用于对废气进行净化和无害化处理的催化剂，以及生产布袋除尘器和电动除尘器的 FINGO- 综合体。谢米布拉托夫气体除尘设备生产厂，是目前唯一一家成立于苏联时期的专业化大型环保设施工厂，主要生产布袋除尘器和电动除尘器，已并入 FINGO- 综合体。目前，俄罗斯联邦有大量生产场地，如能得到政府支持，这些场地可用于生产和推广环保综合设施与设备。

（六）俄罗斯环保产业发展的信息因素

在俄罗斯寻找适用的环保工艺技术，通常占用时间最多、效率最低的一项工作是寻找国内相关工艺方案或者适合用于解决具体环保问题的工艺说明。搜索结果的有效指向较少，一般指向笼统的科研成果，外文的翻译材料，或企业广告承诺可以解决有关土地恢复、消除污染、污泥清除、废弃物加工等问题。如需获取关于环保工艺方案或者补救工艺的详尽资料，必须使用国际机构或者外国环保部门的网站。

美国国家环境保护局（EPA）、法国环境及能源管理署（ADEME），以及英国环境、食品与农业事务署（部）（DEFRA）的网站，不仅包括各种工艺方案的总体描述，还可以了解那些原始文章，里面有将工艺方案转变为实际工艺所需的所有材料，以及工艺方案的所有优势、劣势和应用范围。此外，人们还可以通过这些网站得到国家公职人员、专家和专业单位关于自然保护工作的开展和工艺问题的专业咨询，并实时更新网站信息。俄罗斯联邦亟须建立这样一个信息资源网络。

三、俄罗斯环保产业合作需求分析

（一）空气悬浮颗粒物治理亟待加强

2013—2017 年，悬浮物质的年平均浓度增加了 6%，而其他空气污染物均减小或未有明显变化。俄罗斯悬浮物质的来源有冶金、化工、石化、建筑、能源等企业经营活动产生的废气，汽车尾气排放，以及东北亚地区的沙尘暴。而交通成为俄罗斯大气污染的主要来源，机动车仅仅在最低限度上被环保标准所约束，汽车的尾气排放在一些大城市成为首要的空气污染源。[10]

（二）加强水体污染治理需求

俄罗斯河流污染严重，多数河流经评估为“污染”和“脏”的级别，其原因主要是工业和生活废水的排放，农业使用化学杀虫剂、除莠剂和其他农业化学制剂，河流通航造成的石油类污染；缺乏污水处理能力、过时的废水处理技术、乱抛垃圾等。水体污染亟须治理。

（三）土壤污染控制需求

俄罗斯工业生产带来的土壤污染严重，尤其重金属污染。土壤污染也体现在农业化学杀虫剂、除莠剂和农业化学制剂以及其他有害物质的使用上[11]。俄罗斯需要加强对土壤污染的控制。

（四）重点解决能源开发开采中产生的环境问题需求

俄罗斯的天然气以及石油开采业已经严重污染空气和水资源，成为国内最大的污染产业。由于环保标准在开采领域的要求较低和执法存在漏洞等原因，管道的渗漏和油轮的泄漏事故层出不穷，俄罗斯许多受到石油污染的地区都被报道因此引发了严重的健康问题[10]。俄罗斯的天然气以及石油开采业产生的环境问题亟待重点解决。

（五）垃圾处理改革需求[12]

2019 年开始，俄罗斯政府推出一系列垃圾处理改革措施。这一改革的核心内容是引入全新的城市生活垃圾管理体系，通过多种方式减少垃圾总量并提高垃圾回收的比例。同时，政府还将适度提高居民缴纳的垃圾处理费用，新建垃圾回收处理厂，关闭一批危险的垃圾填埋场。

全俄舆论研究中心调查表明，俄罗斯民众认为他们面临的最大环境威胁来自于生活垃圾。据俄罗斯联邦自然管理监督局公布的数据显示，俄罗斯平均每人每年产生约 300 千克垃圾。填埋是俄罗斯最常见的垃圾处理方法，但垃圾填埋场严重饱和，无力处理过多垃圾已经成为很多城市面临的难题。2019 年，俄罗斯要求将俄罗斯的垃圾处理率从目前不足 10% 提升至 60%。

四、中俄环保产业合作建议

（一）确立环保产业与工艺合作的优先方向

目前，俄罗斯正在致力于向绿色经济转型，发展环保产业需要现代化的仪器、设备以及大量的资金。根据俄罗斯环保产业发展的现状，结合国家产业调整的政策，建议中国优先开展三个方面的对俄合作。①研制与生产污染治理与监测设备，鉴于俄罗斯的大量仪器设备年久失修需要更换，以及大量的科研经费用于购置仪器设备，建议中国积极研制与生产污水处理和大气污染物净化处理装置、废弃物加工装置、污染土地恢复装置，环境监测设备，以及可再生能源设备。②开展固体生活废弃物管理方面的合作，分析俄罗斯固体废弃物的成分与组分特点，抓住技术难点，研发无害化处理工艺与技术，提高废弃物综合利用水平。③鉴于俄罗斯的投资政策重点是鼓励资本流向生产领域和基础设施建设领域，中国可向生产领域积极提供节能减排的环保产品与设备，并配合基础设施工程建设提供环保服务。

（二）优先发展中国东北与俄罗斯远东及西伯利亚地区的环保合作

振兴东北老工业基地是中国的重要战略，振兴西伯利亚和远东是俄罗斯强化在亚太地区地位最复杂的战略任务。2009 年 10 月，中俄两国总理签署了《中华人民共和国东北地区与俄罗斯联邦远东及东西伯利亚地区合作规划纲要（2009—2018 年）》（以下简称《规划》）。《规划》提出在远东边境及哈尔滨建立经济自由贸易区和高新技术开发区。远东有科研机构147家，科研人员13万人，占全俄的15%。东北地区是苏联援建中国项目最多的地区。中俄双方有着良好的合作基础。建议中俄双方环保产业充分发挥自身潜力，开展务实合作，依托大型科研综合体和老工业基地的研发和制造优势，发展环保高新技术，以点带面，分阶段融入东北亚和亚太地区经济。

（三）创新合作模式，发挥企业主体作用

建议加强中国企业与俄行政机关的战略合作，可采用的合作模式包括：①按活动类别或地区成立双边或多边联合工作组（工作委员会），由相关企业、联邦和地方级权力机关的代表参与；②知识产权持有人、投资人与生产活动组织者（企业）之间签署成立具体企业的合作协议；③中国企业可与俄罗斯批准成立的各地区废弃物处理公司签订合作协议，修建废弃物处理公司处理废弃物所需的各项设施；④中方确保给排水设施管理局高效运作的专业化公司与俄罗斯大型国家单一制企业“给排水设施管理局”签订合作协议，帮助俄罗斯建设或运营给排水设施；⑤中方公司可受邀协助俄罗斯联邦各联邦主体清理过去建立（累积）的对环境有害的设施，并且防止以后再出现类似情况的设施。⑥以联合科研潜力为基础建立合资工业企业，生产环境监测和治理设备、参与实施两国境内甚至第三国境内的联合环境保护项目。

（四）加强政策保障，放眼参与全球治理

为了给中俄两国在环境保护领域的工艺合作创造良好的条件，建议对投资项目和基础设施合作项目建立一套筛选与跟踪机制，以使合作项目满足生态安全要求；中俄双方在确定给基础设施建设项目提供资金时，应优先选择“绿色”项目和创新项目；建立一个长期有序的信息交流机制，就最新的最佳可行技术和专利技术交换意见，共同制定环保产业领域的合作项目；清除双边合作中的经济、海关及其他障碍；促进“绿色经济”和

“绿色增长”领域的立法，发展“绿色融资”；开展绿色增长领域的国际倡议，整理各国现有的有前景的“绿色工艺”目录，通过双边、多边机制推介中俄合作研发的环保工艺、技术与产品，争取在国际社会分工中占据有利位置。

参考文献

［1］陆南泉．金融危机对俄罗斯经济的冲击在加剧［J］．俄罗斯中亚东欧研究，2009（2）：2.

［2］Key World Energy Statistics（2016）.http：//www.iea.org.

［3］张红侠．能源仍是俄罗斯经济“脊梁．［EB/OL］．［2012-06-19］http：//news.cnpc.com.cn/system/001381254.shtml13.

［4］王子刚．俄罗斯科技水平现状分析［J］．黑龙江科技信息，2011（11）：43.

［5］崔亚平．东北振兴与俄罗斯远东开发战略合作的机遇与挑战［J］．辽宁大学学报，2008，3（36）．

［6］A.B. 奥斯特洛夫斯基．俄罗斯远东和中国东北共同发展计划：问题与前景［J］．俄罗斯学刊，2012，2（8）．

［7］郭连成，杨宏，王鑫．全球产业结构变动与俄罗斯产业结构调整和产业发展［J］．俄罗斯中亚东欧研究，2012，6.

［8］俄罗斯联邦自然资源与生态部．俄罗斯环境状况公报 2014 年．2014.

［9］周静言．后危机时代俄罗斯产业政策调整研究［D］．沈阳：辽宁大学．2014.

［10］柴德坤．俄罗斯的环境污染问题［J］．西伯利亚研究，2009（12）：85.

［11］陆南泉．俄罗斯农业改革及其启示［EB/OL］．［2014-03-05］．http：//www.gdcct.gov.cn.

［12］光明网．俄罗斯推出垃圾处理改革措施［EB/OL］．［2019-05-28］．https：//m.gmw.cn/baijia/2019-05/28/1300403739.html.

俄罗斯城市环境管理研究——以莫斯科为例

何宇通　张力小[①]

摘　要　环境是人类生存的基本要素，也是社会经济发展的基本条件。随着我国工业化和城镇化的快速推进，越来越多的资源和人口向城市集聚，城市规模不断扩大。同时，城市的发展也给资源和环境带来多方面的压力和挑战，城市环境问题已成为阻碍社会经济可持续发展的重要课题。人们逐渐意识到，城市社会经济活动的规划必须依据环境的约束，从而协调人类、环境和发展的关系。莫斯科是俄罗斯的首都，有“森林中的首都”之美誉，其城市环境管理水平较高，分析莫斯科城市环境管理措施有较好的借鉴意义。本文通过介绍莫斯科城市基本情况、环境现状，梳理莫斯科城市环境管理政策措施，分析莫斯科在大气、水、固废、土壤等方面的城市环境管理实践成效，并根据莫斯科的管理经验提出适合城市环境管理的建议。

关键词　莫斯科；大气环境管理；水环境管理；固体废物环境管理

一、城市基本概况

莫斯科位于55°～56°N、37°～38°E，地处东欧平原中部，跨莫斯科河及其支流亚乌扎河两岸。莫斯科（环城公路以内地区）面积900千米^2，包括外围绿化带共为1 725千米^2，全市总面积为2 511千米^2，有“森林中的首都”之美誉。

莫斯科属于温带大陆性湿润气候，降雪量大，平均年积雪期长达146天（11月初—4月中旬），冬季长而天气阴暗。1月平均气温 -10.2℃，最

① 何宇通，生态环境部对外合作与交流中心；张力小，北京师范大学副教授。

低 -42℃，平均每年气温 0℃以下天数约 103 天。年平均降水量 190 ～ 240 毫米，降水高峰期为 8 月和 10 月，降水量最少的是 4 月。

莫斯科是欧洲人口最多的城市。1989—2017 年，莫斯科人口快速增加，2017 年莫斯科城市人口达 1 228 万人，占整个俄罗斯人口总数的 1/8。

（一）城市经济概况

莫斯科是俄罗斯经济的中心，各类机构总部云集于此，金融资源丰富。2012—2016 年莫斯科市的区域生产总值呈增长状态（图 1），2016 年莫斯科区域生产总值高达 528.4 亿美元。同时，莫斯科一直是俄罗斯最大的综合性工业中心，工业部门种类齐全，尤其是重工业与化学工业很发达，机械和仪表制造工业占该市工业总产值及工人数的一半以上，工业总产值在全国位居首位。另外，其纺织、食品加工、印刷业、服装及制鞋等轻工业亦很发达。

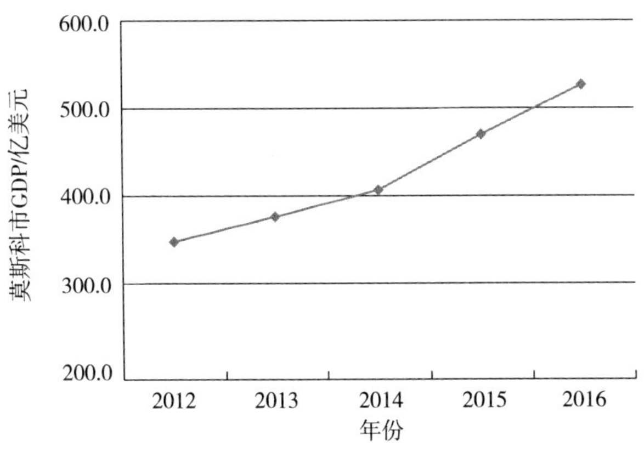

图 1　莫斯科市 GDP 增长图

（二）城市能源现状

俄罗斯的能源较为丰富，能源结构中石油占 36%，天然气占 49%，煤炭占 13%。天然气总消费量中，电力部门占 44%，工业和农业部门占 45%，公共及民用部门占 11%。未来，公共及民用和农业部门将是天然气的优先用户。

莫斯科的能源消耗以石油、天然气的初级能源以及电力的二级能源为主，交通部门是莫斯科石油制品的主要消耗部门。随着莫斯科经济的发展和人口的增加，莫斯科市的能源消耗量逐年增大。从图 2 可以看出，莫斯科市的电力消耗主要集中在市区，且消耗量整体呈现增加的趋势。

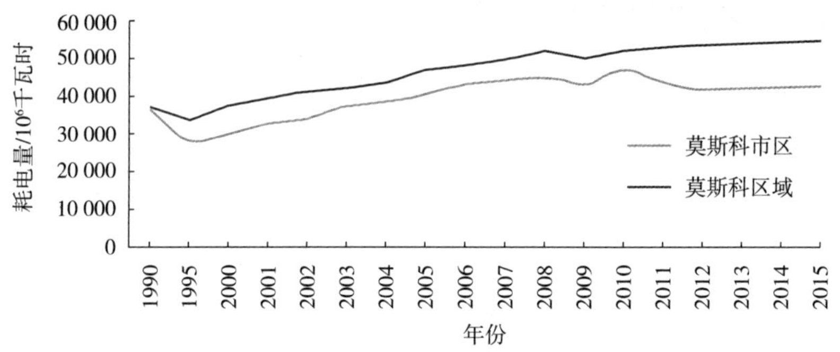

图 2　1990—2015 年莫斯科市及其区域耗电量趋势图

（数据来源：莫斯科环境统计公报）

此外，莫斯科是世界上用热电厂进行热电联产最发达的城市。全市的热电厂主要以天然气为燃料，除了能充分满足本市的用电需要外，还能满足用热需要。莫斯科的集中供热普及率已接近 100%。

二、莫斯科生态环境现状

（一）大气环境

莫斯科城市大气环境状况整体较好。2002—2016 年，CO、NO_2、NO、SO_2 年均浓度值整体呈现下降趋势（图 3）。其中，由于 2010 年莫斯科周边出现森林火灾，因此当年 CO 浓度值增长以及可吸入颗粒物（PM_{10}）出现反弹现象。

此外，据莫斯科市环境统计公报统计，莫斯科市主要污染物来源为汽车尾气，占莫斯科空气污染的 90%，而工业只占 10%。近几年，随着车辆管控、能源效率的提高以及混合能源汽车的推行，莫斯科的交通运输污染物排放量大幅减少。

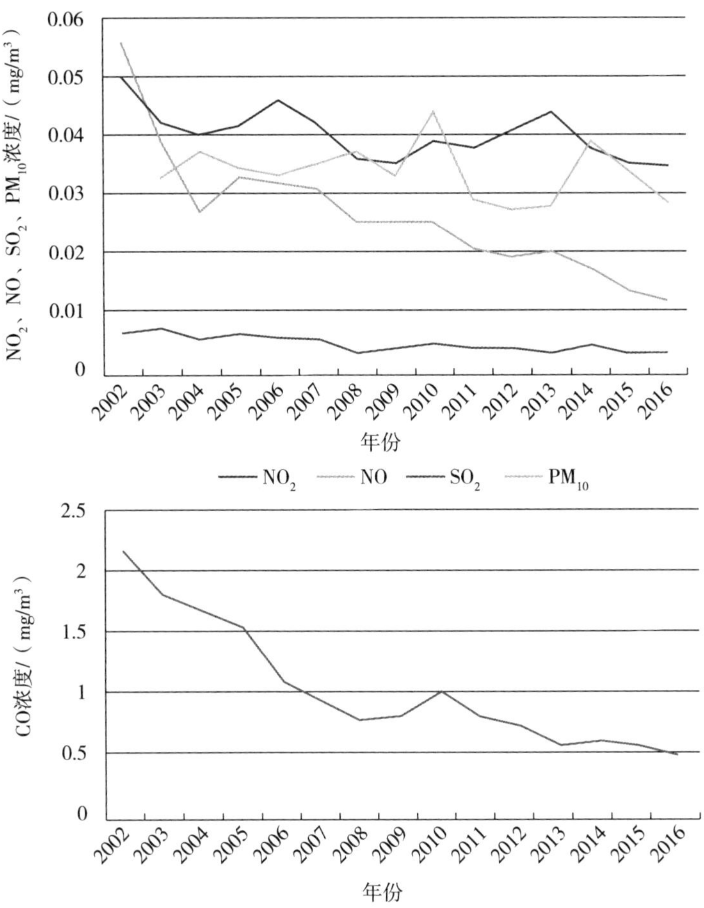

图 3　2002—2016 年莫斯科市空气环境质量

（数据来源：莫斯科市环境统计公报）

（二）水环境

莫斯科的水供给和调配系统完善，能确保水资源供应全市。该系统中的每个自来水饮用水处理站按照自己的所在区域、距水源距离及水供给和调配规则为各自所在区域供水。据统计，莫斯科目前共有 4 个自来水饮用水处理站点，分别是西区自来水站、卢布廖夫区自来水站、北区自来水站和东区自来水站，设计供水能力达到每昼夜 637 万米^3。西区站和卢布廖夫站的用水来自莫斯科本地，而后两站的用水来自伏尔加河水系。目前，莫斯科河、伏尔加河、瓦祖扎河水系共 5 万米^{2}水域，22.62 亿米^{3}的总水量用于确保莫斯科市的稳定供水。2012 年，莫斯科自来水管道系统就已经完全杜绝使用氯气对饮用水进行消毒，转而开始采用次氯酸钠水溶剂净水技术。这种溶剂属于低毒物质，不易燃、不爆炸，并提供可靠的消毒，质量符合俄罗斯水质量标准。

莫斯科的城市排水系统始建于 1898 年，截至 2006 年，整个系统网络总长 7 700 千米，承担着莫斯科市及位于莫斯科州中心区的 15 个郊区市、几十个郊区村庄的排水任务，共 139 个泵站，4 个污水处理厂，日排水能力为 634.5 万米^3。此外，还有 27 个积雪堆放点，处理积雪能力为 8.7 万米^3。近年来，为了缓解持续增长的人口压力和暴雨多发造成的排水压力，莫斯科给排水公司开发了一套排水调节工艺技术，不仅保证了在排水高峰时段的排水顺畅，提高了系统的排水能力，减少系统运营管理费用达 15%～20%，而且有效防止了可能发生的事故对环境造成的影响。它在一定程度上稳定了城市污水处理设施的末水流量，允许在较短的时刻内减轻城市的排水压力。

图 4 显示了 2007—2016 年莫斯科城市污水排放量。从图中可以看出，城市污水排放量呈下降趋势。2016 年污水中氯化物、固体悬浮物、硫酸盐、硝酸盐、氨氮的占比分别为 55.3%、19.6%、12.3%、6.5%、2.5%。由此可见，氯化物是污水中主要的污染源。

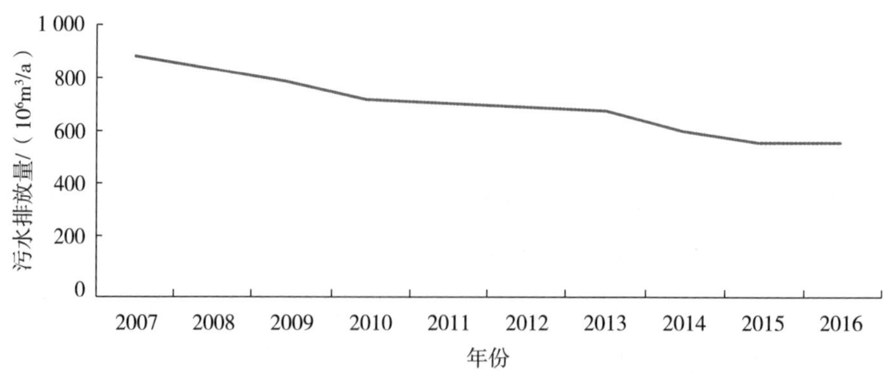

图 4　2007—2016 年莫斯科城市污水排放量

（数据来源：莫斯科市环境统计公报）

莫斯科节水措施主要包括利用回用水，莫斯科热电厂回用处理废水2万米^3/天；建立分质供水的工业用水管道等。

至于水资源保护，莫斯科市2025年总体规划指出划定水资源保护区和总面积为10 400公顷的岸边水利工程防护带，改善水利设施的现状；配置覆盖莫斯科市在建地区所有污水沟和排水沟的收集、排放和清理系统，发展和完善废弃物分类收集系统及可再生原料的加工生产，逐渐向少污染和无污染的工业现代化生产过渡。

（三）固体废弃物

莫斯科的城市垃圾主要包括生活垃圾、市政垃圾、商业垃圾等。莫斯科每年产生垃圾403万吨，仅有80万吨得到及时处理。2016年，莫斯科城市生活垃圾产生量为0.9千克/（人·天），垃圾回收率仅为27%。莫斯科大多数垃圾填埋场建于20世纪60年代。2013—2017年，莫斯科关闭其附近24座老旧、危险的垃圾填埋场，但仍有15座堆满未分类的垃圾的“垃圾山”。

（四）绿化建设

莫斯科有“森林中的首都”的美誉，莫斯科市每人平均拥有绿地44米^2，绿化面积占全市面积的40%，有11个自然森林，98座公园，占地约2 000公顷。市区还有700多座街心花园，占地约1 256公顷。

三、莫斯科环境管理实践研究分析

（一）莫斯科城市大气污染管控

1. 莫斯科城市大气污染管理实践

莫斯科主要的大气污染来源于交通污染、工业排放以及城市居民的生活能源消耗。为控制大气污染，莫斯科政府在联邦法律的框架下，从以下三个方面采取管控措施，成效显著。

（1）交通污染控制措施及政策

交通污染是莫斯科市大气污染物的主要来源，占莫斯科空气污染的90%。虽然莫斯科汽车数量逐年增长，但近年来莫斯科的 NO_x、PM_{10} 的浓度总体呈现下降趋势，一定程度上得益于莫斯科政府实施交通污染控制措施。莫斯科政府主要从控制机动车数量、鼓励公共交通、完善城市设计规划以及升级汽车燃料质量等方面出台政策措施（表 1）。

表 1　莫斯科交通污染控制措施及成效

措施		成效（污染物减少量）
1999—2000 年，748 号市长令：安装尾气净化催化器，30%～40% 的公共汽车燃料改造，《追究销售不符合生态要求发动机燃料的责任法》，机动车生态监测站，“清洁空气”行动，检测和调整车辆的许可证		排污量减少了 40%～60%
2005 年，“莫斯科环境保护计划”：白天货车禁止进入市内，在道路上安装污染物中和器，100% 公交车改烧天然气，增加电动汽车数量且为其提供免费的停车场		—
城市能源质量标准（2006-Euro 2；2013-Euro 4），燃油质量控制		11%；3.5%
莫斯科城市车辆限行政策	2008 年，限制未满足 Euro 2 的 LDV & HDV 车辆进入城市中心区域	8 000 吨 / 年
	2009，未满足 Euro 2 或者更高标准的 HDV 车辆禁止在城市中心区域通行，公共交通车辆满足 Euro 3 或更高标准方可通行	9 000 吨 / 年（私人） 3 000 吨 / 年（公共）
	2006 年起只有满足 Euro 2 或更高标准的公共汽车可以在新建道路上运行，2008 年起只有满足 Euro 3 或更高标准的公共汽车可以在新建道路上运行	2.3～3.4 克 / 千米（28%～32%）
2013 年 8 月增加汽车燃料中的天然气使用比例，并在城市区域建设配套天然气设施设备		SO_2 排放量减少 70%，颗粒物排放量减少 9%
2008—2011 年，小排量汽车鼓励政策试行（大排量 HDV 汽车仅可日间行驶；小排量汽车和混合动力汽车的购买者可以免交交通税，并且提供免费停车）		4 000 吨 / 年
2010—2011，年公共汽车专用道路建设		—

续表

<table>
<tr><th colspan="2">措施</th><th>成效（污染物减少量）</th></tr>
<tr><td rowspan="3">2012—2016 年，交通系统发展规划</td><td>2012—2016 年，建立电车系统及相关配套设施</td><td>—</td></tr>
<tr><td>2012 年，拓展地铁系统</td><td></td></tr>
<tr><td>2012 年，建立环城道路</td><td></td></tr>
<tr><td colspan="2">2012—2016 年，城市规划设计（多中心城市规划，限制人们燃料使用量，利用地下区域进行道路和停车空间建设，扩建地铁线路、无轨电车建设等）</td><td>—</td></tr>
<tr><td colspan="2">2012 年，绿色车辆的鼓励政策（低税高补）</td><td></td></tr>
<tr><td colspan="2">城市区域有偿停车制度（2013 年市中心市实行，2015 年三环开始实行）</td><td>—</td></tr>
<tr><td colspan="2">2016 年，减少私家车数量和运行频率，出台短期租车政策</td><td>—</td></tr>
<tr><td colspan="2">2016 年，更新莫斯科市的车队</td><td>—</td></tr>
</table>

注：Euro 1 ~ Euro 4 的汽车能源质量标准，等级越高，能源燃烧污染物产生量越少。

1999 年，根据卢日科夫签署的第 748 号市长令，所有市政车辆在 2000 年都必须安装尾气净化催化器。对于公共汽车和大巴车，除规定必须安装催化器等净化装置外，还计划于 2000 年年底将 30% ~ 40% 的公交车改使用天然气燃料。在改造汽车的同时，莫斯科市政府还颁布了《追究销售不符合生态要求发动机燃料的责任法》，严格禁止在市内出售含铅汽油，大力推广使用低硫柴油和高质汽油；同时在莫斯科主干道上设置 16 个固定和 10 个流动的机动车生态监测站。每年春秋两季，莫斯科国家环境保护委员会、莫斯科生态警察局和莫斯科交通警察局都要联合发起为期两周的“清洁空气”行动。为使超标车辆能得到维修调整，莫斯科国家环境保护委员会还向全市修车站点发放了检测和调整车辆的许可证。

2005 年 10 月，莫斯科开始施行“莫斯科环境保护计划”，进一步控制和降低交通污染。该计划提出白天货车禁止进入市内，并在道路上安装污染物中和器等。同时，该计划还要求自2005年起全部公交车燃油变成天然气燃料，并增加电动汽车数量且为其所有者提供免费的停车场。

自2006年起，莫斯科发布机动车能源质量控制标准，并于2013年将控制标准提高，将汽车燃料的质量要求由Euro 2提高至Euro 3，严格控制汽车尾气污染物排放量。自这一政策实施至今，莫斯科市内使用Euro 2以上标准燃料的机动车比例逐渐增加，2012年达到70%（图5）。同时，为减少莫斯科市机动车的运行数量，莫斯科市自2008年起实施城市机动车限行政策，逐年扩大车辆限行区域的范围（图6）。

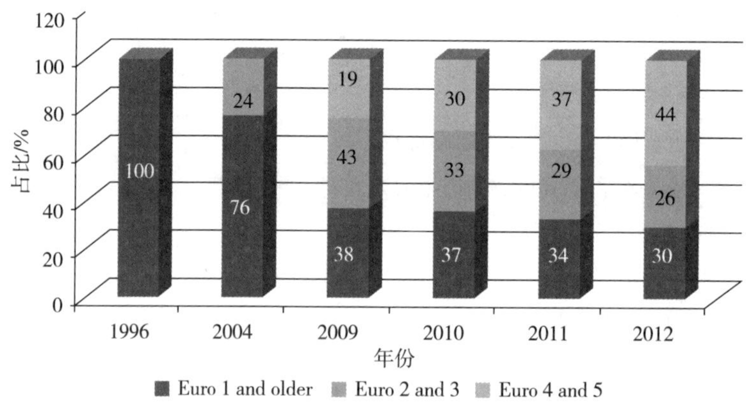

图5　1996—2012年莫斯科市机动车燃油比例

（数据来源：Moscow City Government Department for Environmental Management and Protection，2018）

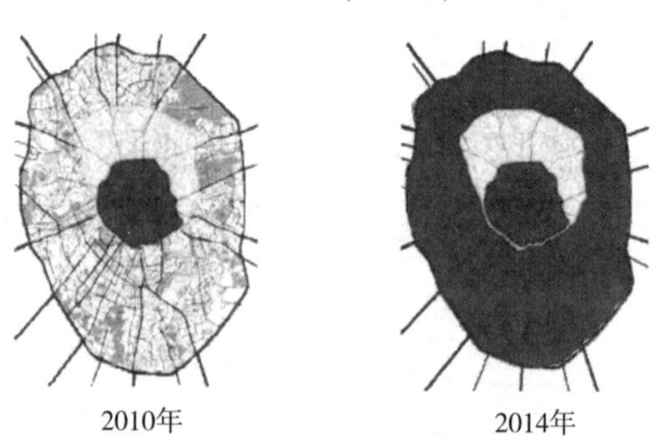

图6　2010年、2014年莫斯科城市汽车限行示意图

注：红色代表Euro 3通行区域，黄色代表Euro 2通行区域。

（数据来源：Moscow City Government Department for Environmental Management and Protection，2018）

此外，莫斯科政府完善城市规划，科学地设置城市工作区和生活区的分布比例，极大地缩短机动车的行驶距离。莫斯科政府还采取经济激励以及教育宣传的措施，鼓励市民选择环境友好型的交通工具。

（2）城市工业污染防治措施及政策

莫斯科早期属于工业城市，城市周边聚集着电热厂等各种工厂，排放出大量的有毒有害物质。俄罗斯独立（1991 年）以后，莫斯科制定了发展高新科技、环境友好型产业的中期规划，重点发展资源、电力供应、生态、建筑、现代市政和科技信息系统等高新技术低污染产业，城市经济结构的调整和重组使得一大批工业企业搬离莫斯科市，有效地改善莫斯科市的大气质量。同时，俄罗斯对苏联的《大气保护法》进行了修改，并于 1999 年颁布新法。随后，污染源登记制度、排污许可证制度、排污收费制度以及相关大气污染控制规定标准如《烟气净化热处置法规》《关于具有重大环境影响的工业企业进行有组织污染物自动化监测的规定》等相继实行，对莫斯科大气固定污染源起到进一步的控制效果。

2008—2009 年，2014—2015 年的两次经济危机造成莫斯科的工业企业数量大幅度减少，一定程度上减少了大气污染物的排放量（图 7）。2010 年，《2025 年莫斯科市城市规划》提出将 30% 的工业区域改建为绿地农场，从源头上减少了工业污染物的排放量。

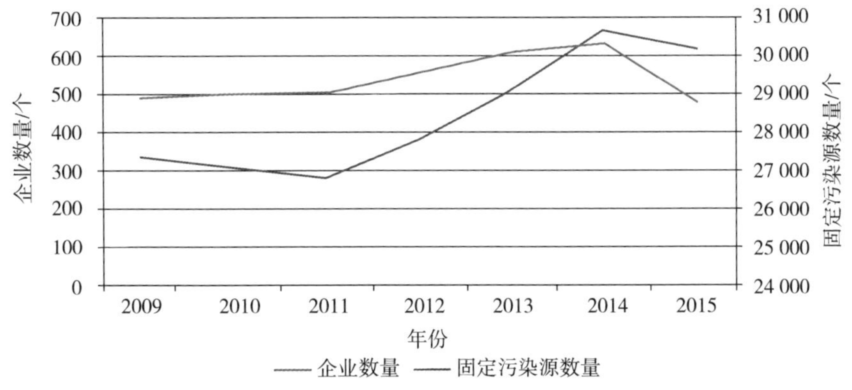

图 7　2009—2015 年莫斯科市行政区域内企业及固定污染源数量变化曲线

（3）城市能源政策

莫斯科市的能源发展措施是在俄罗斯联邦政策的框架下开展的。2008年全球经济危机是俄罗斯能源政策的转折点。2008年全球经济危机后，根据国内和国际形势，俄罗斯政府积极应对气候变化，修改节能法律，并制定了《2030年前的能源战略》，提出提高能源安全保障、能源效率、能源领域的环境安全保障等战略方向，积极倡导水电、生物质能等新能源的使用。在全国能源政策的改革下，莫斯科市实施了提高住宅能源效率、发电产热系统的现代化技术升级、鼓励天然气机动车燃料使用、发展生物质发电等措施。

（4）城市大气监测网络建设

莫斯科从1993年开始对空气质量进行监测，并于20世纪90年代末开始发布相关信息。2002年，莫斯科建立莫斯科生态监测系统，成为莫斯科环境保护及自然资源部的一部分，承担全市环境监测工作。目前，莫斯科共有30个正式运行的监测点，分布在全市各个区，既包括公园、绿地等空气质量较好区域，也包括工厂和主要干道等污染严重区域。莫斯科监测点对20多种污染物进行监测，全天24小时不间断运作，每20分钟收集一次数据，包括风速、风向、温度、压力、湿度等气象参数，以确定污染物如何扩散。这些数据实时发回信息中心，并进行分析和处理。

2. 城市大气污染管理成效分析

根据莫斯科的监测数据（图8）可以看出，2002—2016年，CO、NO_2、NO、SO_2年均浓度整体呈现下降趋势，莫斯科城市大气环境质量得到改善。SO_2在较低浓度水平波动，这与莫斯科以天然气为主的能源结构以及城市燃油含硫量的控制政策相关。NO_2、PM_{10}受城市机动车数量的增加，浓度一直处于较高水平，但是受益于交通、能源和工业的管控措施。

2002—2016年，莫斯科NO_2浓度出现三个明显的下降节点，分别是2002年、2006年、2013年，这与20世纪90年代的济结构转型政策，2006年汽车燃油的质量控制，2013年之后机动车辆限行政策、汽车燃油质量控制措施、付费停车的制度、工业企业的严格管控、城市电热系统升

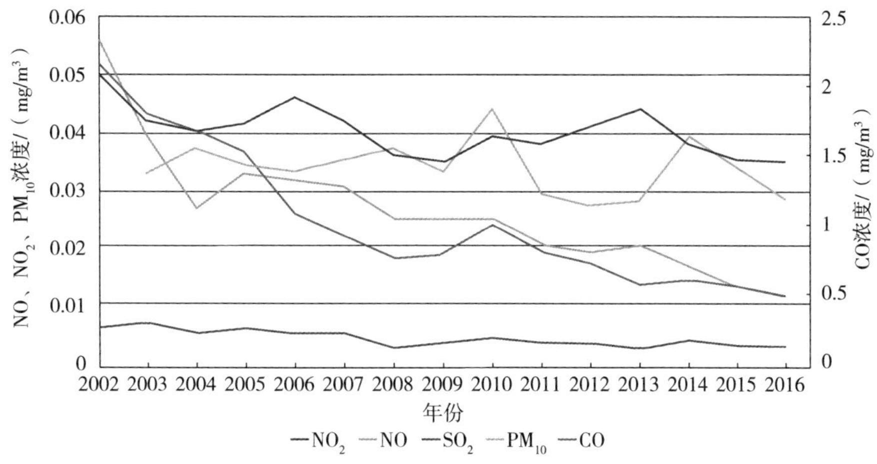

图 8　2002—2016 年莫斯科市空气环境质量

（数据来源：莫斯科市环境统计公报）

级等措施的实施相关。此外，2008 年、2014—2015 年的经济危机一定程度上影响了城市污染物的排放量。

（二）莫斯科城市水资源管理

1. 城市水资源管理实践

由于苏联的经济发展模式以及莫斯科污水管理制度的不足，莫斯科区域的地表河流污染一度十分严重。为改善地表水质，保障用水安全，莫斯科根据国家法律政策规定，从技术升级、法律制定等多方面进行水资源管理。

（1）法律机制框架

莫斯科市水资源管理主要依据俄罗斯联邦的水资源管理法律框架及其机制。1995 年俄罗斯通过并颁布了《俄罗斯联邦水法典》，2006 年进行再次修订，成为俄罗斯水资源管理的纲领性法律。同时，为实现水资源可持续管理，保持水生态安全，防治水污染，满足经济社会的可持续发展所需的基本的水质和水量要求，俄罗斯在《俄罗斯联邦环境保护法》《俄罗斯联邦水法典》等环境法律法规框架下，在水资源行政管理、权属管理、规划管理、配置管理、经济管理等许多方面确立了行之有效的具体管理制度，这些制度对俄罗斯水资源管理的贯彻实施和管理目标的实现起到了重要作用。主要如下：

水权管理制度。就是通过水的权益归属的各种制度的管理。规范人类取用水、排放废水的行为，同时也规范人类改变包括地表大气、植被和土壤等影响水循环因素的行为，从而促进水资源的优化配置，提高水资源的使用效率，最终达到水资源的可持续利用。

水体保护制度。俄罗斯有比较全面的水体保护制度，包括地表水保护制度、地下水保护制度、水工程中的水体保护、特别水体保护制度、流域管理制度。

水籍簿制度。根据《俄罗斯联邦水法典》（2006）第31条的规定，在俄罗斯，国家水籍簿是有关联邦政府、俄罗斯联邦主体、自治区、自然人和法人所有的水体以及它们的利用、江河流域和流域地区备有证明文件的信息组织系统。

水资源税制度。俄罗斯政府开征了水资源税。作为联邦税种，水资源税收入比较少，但水资源税税款专款专用于水资源的保护与开发和水资源的利用效率提升，作用效果集中明显。目前，莫斯科主要的水资源税种包括使用地下水资源税、开采地下水的矿物原料基地在生产税、工业企业从水利系统取水税、水资源设施排放污染物税等，税种全面，覆盖城市水资源管理的各个方面。

（2）水质监测

《俄罗斯联邦环境保护法》《俄罗斯联邦水法典》规定由俄罗斯联邦国家权力机关进行水环境监测，发现和预报水质和水体状况的有害进程，监测结果可用于发现和预防水污染情况，评价水体保护措施的效率，从而促进公众对水体利用和保护的了解。

（3）执行措施

在法律政策框架的引导下，莫斯科政府大力推动水资源利用和水环境保护。

1993—1994年，莫斯科政府制定了莫斯科综合环境方案，加强城市污水处理与控制，提出以下目标：1994—1995年减少所有污染源的排放；逐步稳定和减少耗水量；减少流入莫斯科河和城市其他水体的污染物排放量；清除莫斯科地区近 9 公顷的淤泥沉积物。同时，莫斯科市还制定并实施了《莫斯科饮用水水源水质改良方案》，为改善该区域的水环境质量、保障城市用水安全作出努力。

1996—1999 年，莫斯科对全市的污水处理系统进行了大规模的兴建和改造。例如，在新留别列茨基和南布多沃曝气站分别建成了日处理污水 58 万吨的现代化设施，该设施不仅提高污水的处理质量，还能消除污水内的生物成分。同时，莫斯科还对留别列茨基和库力亚诺夫斯基曝气站的污水处理设施进行了改造，使其日处理污水能力达到 30 万吨。此外，还有 65 套洁水设施、40 套循环供水系统在莫斯科各企业建成并投入使用。莫斯科还开始兴建 25 座地表水流清洁设施。在此期间，莫斯科区域水质得到一定的提高。1997 年莫斯科河以及伏尔加河的水质基本达标。1999 年的莫斯科水体内的污染物比 1995 年减少 41%，污水排放量减少 3%。

2000 年后，莫斯科逐步建成水资源自动监视站网络，重点监视莫斯科河及其支流，包括饮用水水源，并开始实行供排水水耗系统证书制度。2010 年，俄罗斯联邦政府批准了“清洁水计划”：为保障全国的用水安全，进行陈旧污水处理设施更换升级，建立效率高的现代化水工业。同年，《莫斯科市 2025 年总体规划》提出划定水资源保护区和总面积为 10 400 公顷的岸边水利工程防护带，改善水利设施的现状；配置覆盖莫斯科市在建地区所有污水沟和排水沟的收集、排放和清理系统，逐渐向少污染和无污染的工业现代化生产过渡。2012 年，莫斯科自来水管道系统就已经完全杜绝使用氯气对饮用水进行消毒，转而开始采用次氯酸钠水溶剂净水技术。2015—2016 年，莫斯科市采取紫外线消毒技术，建立两座全世界最先进的 UV 污水处理厂（Luberetsky 和 Kuryanyansky）。同时，莫斯科市实行两个污水处理底泥发电项目，有效处理水污染底泥的同时供应城市日益增长的用电量。

2. 城市水资源管理成效分析

莫斯科地表水受交通污染物排放、城市地表径流、污水处理不当排放的影响，水质较差。20 世纪 90 年代开始，莫斯科市污水处理设施升级，污染控制标准日益严格，污水排放量逐年降低。图 9 显示了 2007—2016 年莫斯科城市污水年排放量。2007—2016 年城市污水处理系统的升级完善，莫斯科市污水的处理效率达到 99.8%，污水排放量逐年减少。这对莫斯科市内的地表水水质起到一定的改善作用。

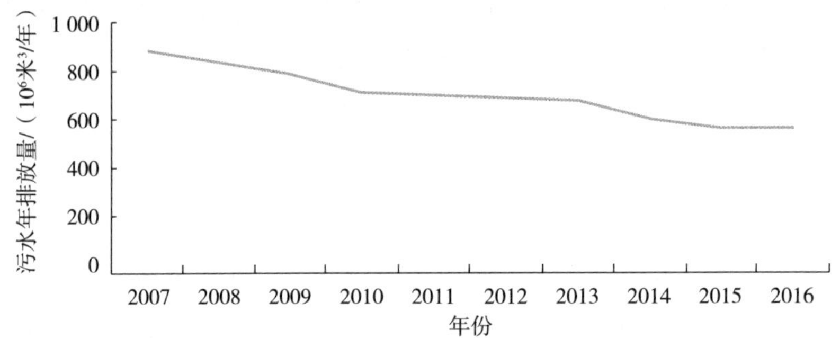

图 9　2007—2016 年莫斯科城市污水年排放量

（数据来源：莫斯科市环境统计公报）

据统计，2016 年莫斯科河主干道的污染物浓度基本达标，支流由于自净能力有限，水质相对较差不达标。但对比 2009 年和 2016 年的支流水质情况发现，莫斯科市内 14 条地表支流中，2016 年“肮脏”“重污染”的支流数量减少为 2007 年的 1/2（图 10）。部分污染指标如石油类污染物的浓度降低，达到水质标准（图 11）。总体来看，莫斯科采取的污水处理及污染管控措施取得了一定的成效，莫斯科河水质达标，莫斯科市内的支流水质向好。

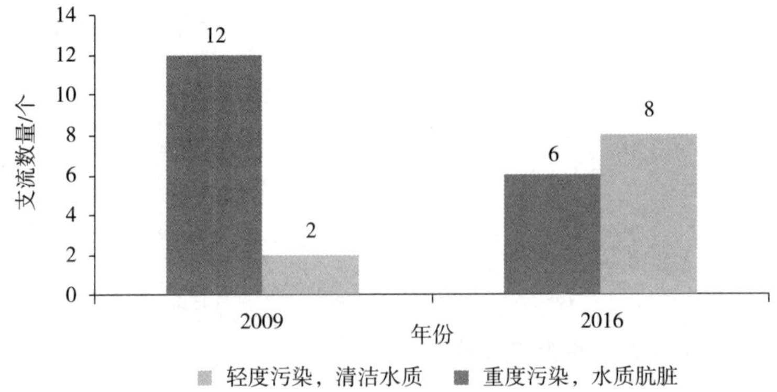

图 10　2009 年、2016 年莫斯科市内 14 条支流的水质情况

（数据来源：莫斯科环境统计公报）

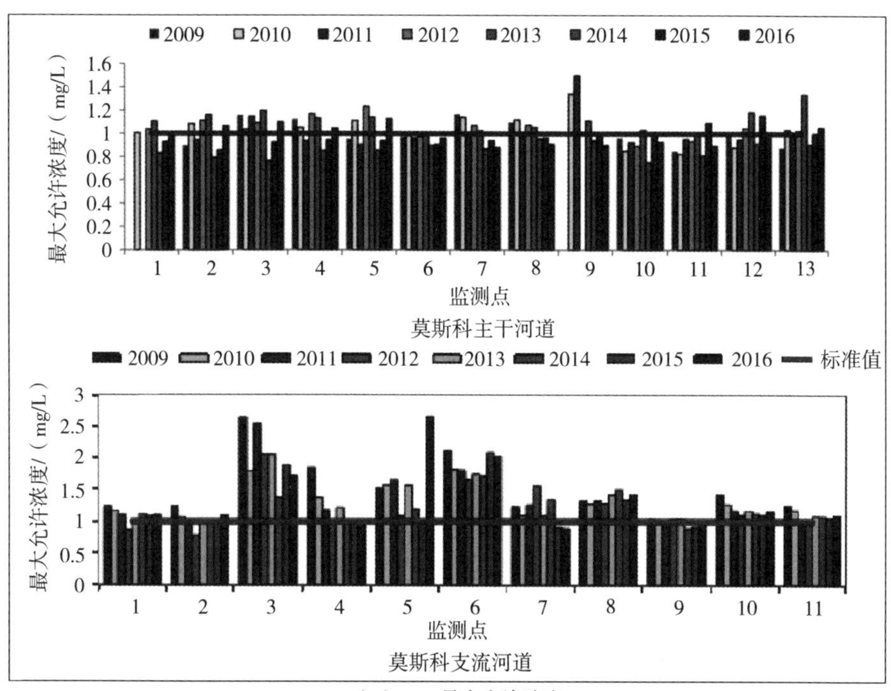

（a）COD最大允许浓度

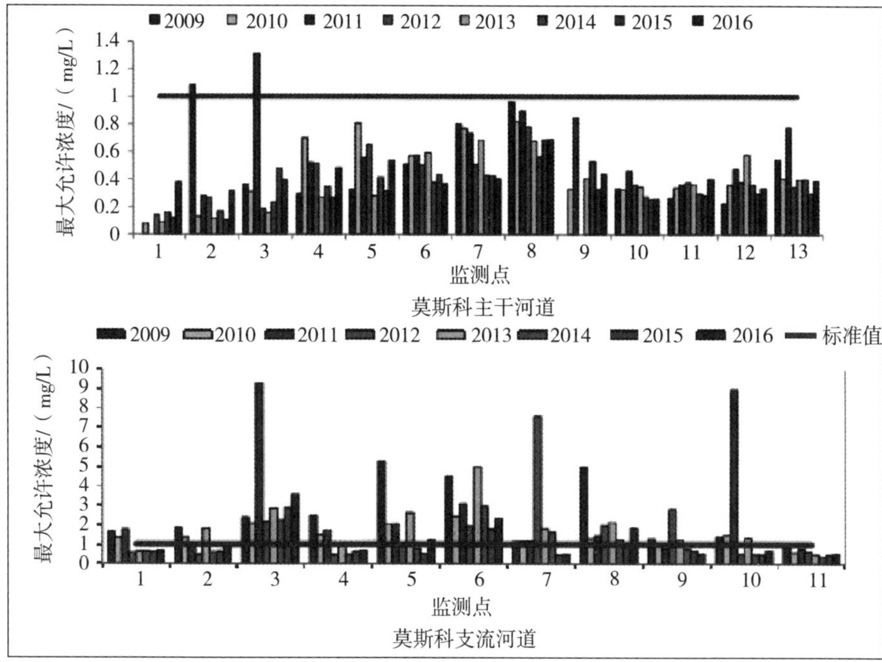

（b）石油类污染物最大允许浓度

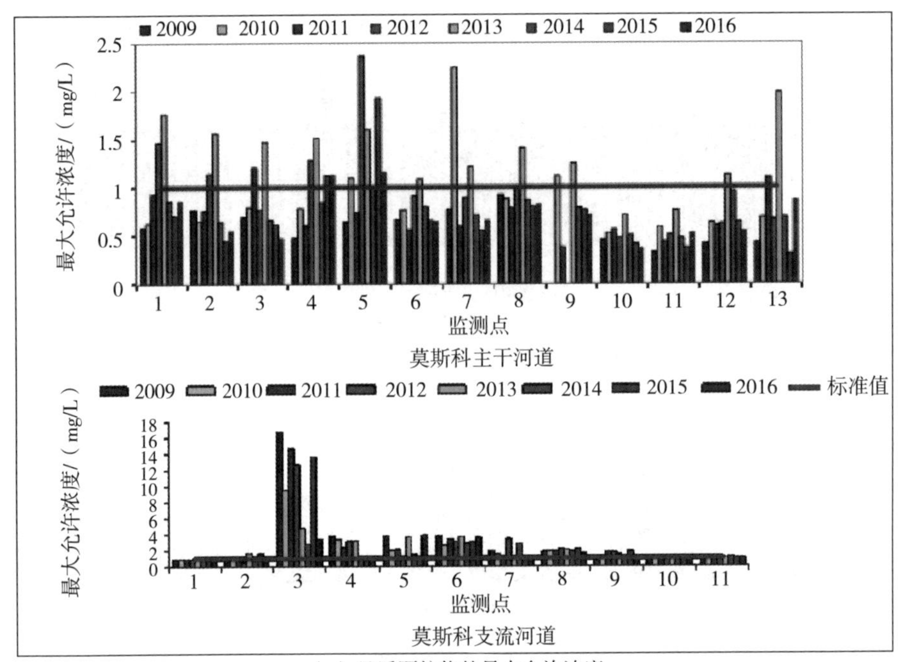

（c）悬浮颗粒物的最大允许浓度

2009 2010 2011 2012 2013 2014 2015 2016

最大允许浓度/（mg/L）

监测点

莫斯科地表水主河道

2009 2010 2011 2012 2013 2014 2015 2016 标准值

最大允许浓度/（mg/L）

监测点

莫斯科支流河道

（d）锰离子的最大允许浓度

图 11　2009—2016 年莫斯科河主干道 13 个监测点污染物浓度变化曲线

（数据来源：莫斯科环境统计公报）

莫斯科地下水水质虽然得到改善，但是存在污染物超标现象。根据莫斯科地区内89个地下水监测水井的数据，莫斯科 Kuryansky 和 Luberetsky 处理厂区域地下水的铵和石油类污染物超过了标准值。但从2014—2015年的趋势来看（图12），地下水中的石油类污染物减少，这可能得益于该地区石油产品使用量的减少、俄罗斯天然气工业股份公司内夫特的清洁水计划以及莫斯科市区 Luberetsky 和 Kuryanyansky 的 UV 污水处理厂的建设。

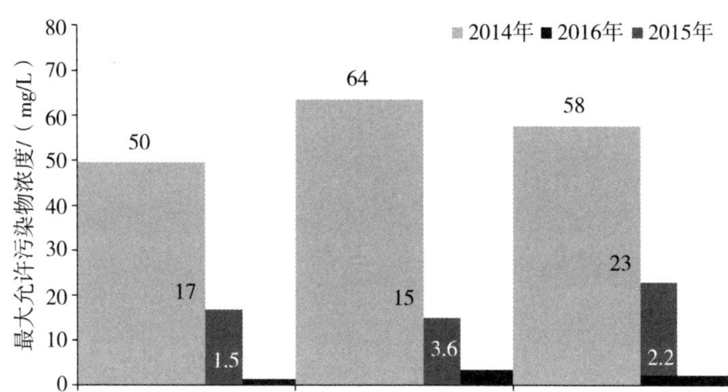

图12　2014年、2015年、2016年的地下水中石油类污染物最大允许污染物浓度变化

（数据来源：莫斯科环境统计公报）

（三）莫斯科城市固体废物管理

1. 城市固体废物管理实践

为有效管理城市垃圾，减少城市垃圾带来的生态环境负效应，莫斯科政府在联邦政府的垃圾管理法律框架下形成了市级管理法律，确定废物管理领域的社会经济和资源技术政策方向，制订城市废物管理计划目标，对该城市的废物管理监督负责。

（1）法令制度

在联邦《生产和消费废物法》（1998年）、《关于莫斯科城市的废物生产和消费》（2005）、《保护法律实体和个人企业家在实施国家控制（监督）和市政控制方面的权利》（2008）、《关于核准包括固体城市废物在内的领土废物管理计划的组成和内容的规定》（2016）等法律框架下，莫斯科政府制定并施行了一系列的城市废物管理法律及规定。2005年，莫斯科颁布并实施《莫斯科市生产和消费的废物法》，为城市的垃圾管理提供引导以及法律依据。随后，在这一基础法律的基础上，莫斯科政府实行了“关于莫斯科生产和消费废物的综合地籍制度”，设立废物分类目录编制，废物处置设施登记，以及废物和废物使用和处置技术的系统数据库，实施统一的城市垃圾会计制度，及时跟踪城市垃圾流向及数量，为确定垃圾管理决策以及废弃物处理领域管理效率的分析与评价提供信息基础。同时，莫斯科制定“废物管理领域城市长期目标计划”“针对二级原材料使用的城市目标计划”“从事二级原材料收集和加工的法人实体和个体企业家的要求”“在莫斯科政府批准待加工（加工）成二级原材料的二级物质资源清单”，为废物二次使用创造经济、社会和法律条件，促进低废技术引入，引导合理利用自然资源和二次原料。对于城市垃圾的管理，莫斯科市分阶段制订管理计划目标。2008 年，莫斯科政府通过了 313 号决议，批准了城市卫生清洁设施的开发计划（2012 年前），相关部门商定《2011—2017 年城市垃圾处理计划目标》。

（2）执行层面

莫斯科市自然资源利用监督局国家监察员在现有权力范围内定期开展环境监督活动，对在城市垃圾管理中为违法违规的法律实体和个人企业家进行不同程度的处罚。同时，莫斯科政府利用固定和移动垃圾收集点创建不同类别的单独废物收集站，并组织居民点位的垃圾收集、分类、处理活动，协调控制企业在垃圾收集、分类、转运、处置等方面行为。2012 年，莫斯科首次在西南部的部分公寓大楼试行居民点废物收集处理活动。2014 年，莫斯科政府决定将试行范围扩大到莫斯科的中部、东部、西北部和泽列诺格勒的行政区地区。为确保废物管理活动的全面性和连续性，莫斯科相关部门还组织废物管理教育活动，给企业或居民进行城市废物管理理念和法律机制的宣讲。

在城市垃圾的管理过程中，莫斯科市实行了一系列的经济政策措施鼓励垃圾的回收以及二次资源的利用：①向在莫斯科市实施有效的低废物技术并在其商业活动中利用废物的法人实体和个体企业家提供预算贷款、补贴和补助金；②向进行废物的产生、收集、合理使用、处置、加工、处置和销毁的法律实体和个体企业家提供预算贷款、补贴和补助金；③按照莫斯科政府规定的方式为废物的收集、运输、加工、使用和处置引入差别关税，如 30.05.2016 号 484 号决议中提及的《固体城市废物处理领域定价》《固体城市废物处理领域的关税管制规则》；④为从事废物处理、使用和处置的法人和个体企业家建立较低的土地租金比率；⑤莫斯科市设置预算用于合理收集、使用、加工、处置以及处置方法的研究和开发工作；⑥根据联邦立法，将废物移交给单独收集中心；⑦根据联邦立法制定和实施产品生命周期的生产者责任机制，鼓励企业对使用后产品的收集、加工和处置。

2. 城市固废管理成效分析

在各类政策以及技术升级等多方面因素的综合作用下，莫斯科的城市垃圾管理逐渐走向正轨。目前，莫斯科地区已经形成了一个国家—地方—企业一体化、现代化的城市垃圾管理系统。在莫斯科，有超过 100 家公司专门从事城市垃圾的收集和处理企业。莫斯科市在 Kursk 和 Paveletsky 区域建立了垃圾的初级分类站点，在城市垃圾中分离出有价值的组件，减少垃圾填埋场处理的固体废物量。莫斯科还启动了垃圾发电的项目，丰富垃圾无害化处理技术。

但囿于垃圾分类系统的限制，莫斯科市的垃圾管理仍然存在混合的城市垃圾直接进入填埋场的现象。此外，由于城市垃圾填埋场容量受限，城市垃圾无害化处理技术缺少市场应用，城市垃圾处理以及其他机构的发展仍存在利益冲突。社区垃圾分类点仍处于推广阶段，公众企业参与不足也是目前莫斯科垃圾管理系统面临的主要问题之一。

（四）莫斯科城市绿化建设

1. 城市绿化建设管理

城市绿化建设一直受到莫斯科政府的重视。1991 年以后，莫斯科政府从建立绿地监测评估系统、特殊保护区、城市总体规划等多方面进行城市绿化建设。

（1）绿地监测评估

从 1997 年起，莫斯科定期开展绿化状况监测工作，对莫斯科市的绿化结构以及质量进行跟踪调查，建立绿色空间登记册，为提高城市环境质量提供科学数据支撑。在绿化监测工作成果的基础上，依据“莫斯科市绿化建设，维护和保护规则标准”，定期进行绿化状况评估工作，并于每年莫斯科市环境公报中展示成果。

（2）城市特殊保护区

“特殊保护区”首次于“特别保护的自然领土”联邦法（1995 年）中提出，是指具有特殊环境、科学、文化、美学、娱乐和健康价值的自然领土。这些区域被予以特殊保护，区域内限制开展经济活动。基于联邦法律基础，2005 年，莫斯科 37 号法令提出“关于莫斯科特别保护的自然领土的开发和定位计划”，给出莫斯科市特别保护自然领土的清单（图 13）。

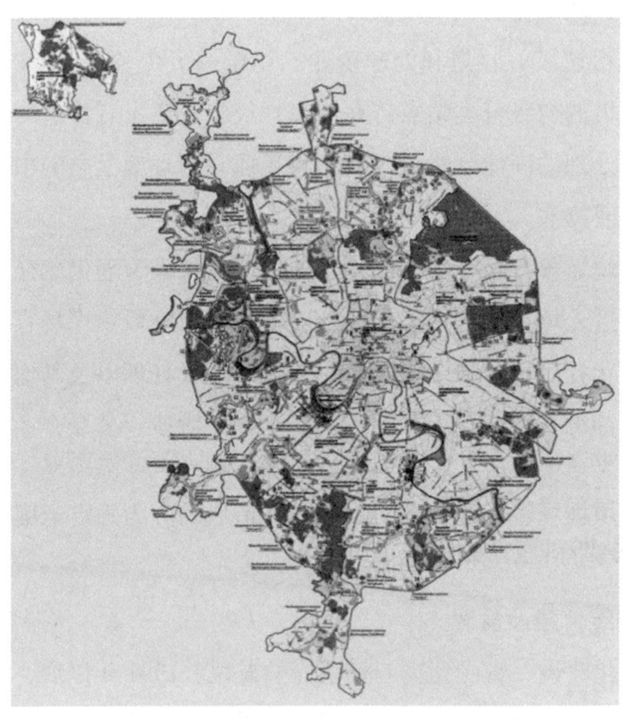

图 13　莫斯科市区特殊保护区的边界

注：绿色部分为特殊保护区。

（3）城市总体规划

苏联解体后，莫斯科市分别于 1999 年以及 2010 年进行了两次城市总体规划。两次规划中对于绿化建设给出建设的理念、方向及框架，进一步拓展了莫斯科市的绿化面积。1999 年，莫斯科提出《2020 年莫斯科城市发展总体规划》，重点改造与建设居住用地、改善居住环境，并考虑居住环境的生态安全与自然环境的整体稳定。规划提出在绿地系统规划中恢复城市自然综合体空间的连续性，同时规划还考虑新建部分专类公园、文化公园、体育公共场地和文化中心，进一步扩大绿化用地，使绿化用地总面积从 3 万公顷增加到 3.5 万公顷。2010 版总体规划沿用了构建新绿化带并调整现有绿化带的政策。把连续的自然带同分散在城市各个角落的绿化空间结合在一起是构建莫斯科市自然景观的原则。该规划还将重组 30% 的工业带土地，将其转化为绿化区。

2. 城市绿色建设成效分析

截至 2016 年，莫斯科市区的绿化面积为 36 947.4 公顷，约占市区面积的 40%，人均拥有绿地面积 44 $米^2$。莫斯科市有 11 个自然森林，98 座公园，占地约 20 $千米^2$，市区内还有 700 多座街心花园，占地约 12.56 公顷。但是，值得注意的是，莫斯科市中心区域的绿化率仍然较低，这成为莫斯科市绿色建设重点解决的问题。

（五）莫斯科城市土壤污染管控

1. 城市土壤污染控制管理实践

莫斯科土壤污染主要是由交通污染物、融雪下渗及工业（包括污水处理以及垃圾填埋场等环境治理工程）污染造成的。为确定土壤污染物以及相关污染源，了解莫斯科市土壤状况动态变化过程，莫斯科在全市范围内设置土壤监测网络。基于监测结果，可以对城市土壤质量进行认证、评估、库存，同时还能支撑莫斯科的土地利用决策。

针对城市污染土壤，莫斯科政府以相关部门从减弱污染源以及土壤修复两方面采取措施来达到污染控制及土壤质量改善的目的。通过采取大气污染、水污染控制措施减少对土壤的二次污染。对已污染的土壤，莫斯科市采取绿化以及土壤复垦的措施。自 2004 年起，莫斯科政府颁布 514 号法令“关于改善莫斯科土壤质量”（2011 年再修订）以及“控制莫斯科景观美化和种植设施所用土壤组分的程序”（2011 年修订），提出“莫斯科生态土壤认证原则和生态土壤标准”。2014 年，自然管理和环境保护部继续在城市土壤保护和用于绿化城市的人工土壤质量控制领域编写规范性和法律文件。

2. 城市土壤污染控制管控成效分析

莫斯科市建立土壤状况监测网络，根据地域划分和功能区划设置监测点，跟踪区域土壤状况，建立数据库并确定莫斯科市土壤污染控制的优先事项。根据 2011—2016 年的土壤监测数据（图 14），莫斯科市土壤重金属离子的超标率均下降，除去锌的总含量超过标准值，铅、铜、镍、铬的含量在整个观察期内呈现明显下降趋势并保持在既定标准内。2005—2016 年，莫斯科土壤中石油和苯并［*a*］芘的含量均显著减少（图 15），这主要与莫斯科内交通污染控制政策的实施和经济结构的调整有关。虽然土壤覆盖层中苯并［*a*］芘的含量减少，但是仍然超过既定标准。2013—2014 年，降雨量小，温度高，造成土壤中基本全部的污染物的浓度均有所上升。

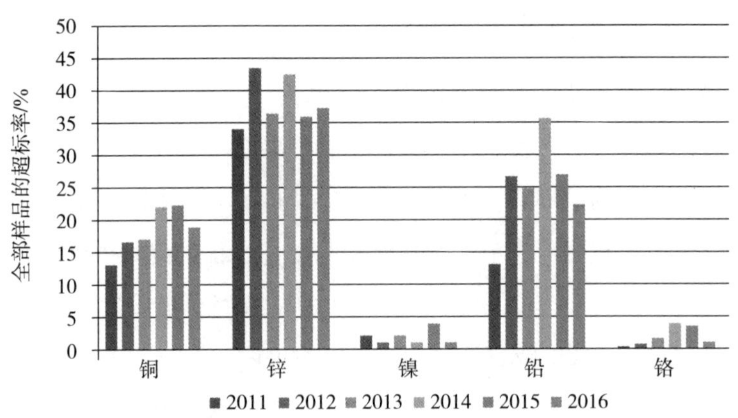

图 14　2011—2016 年土壤样品中重金属污染物超标率变化

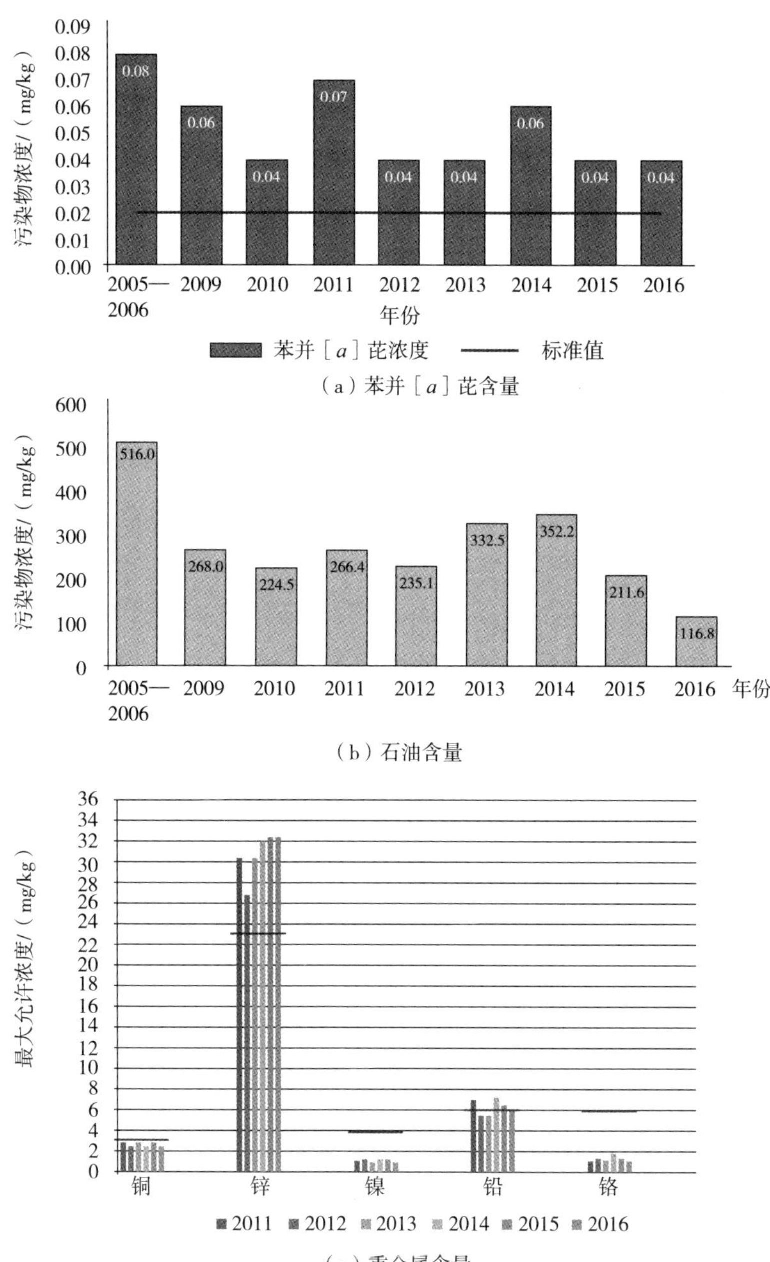

（a）苯并［a］芘含量

（b）石油含量

（c）重金属含量

图 15　莫斯科地区土壤中污染物浓度变化

（数据来源：莫斯科环境统计公报）

总的来说，虽然莫斯科土壤质量得到改善，政府采取的交通策略以及工业技术的提升等措施都表现出一定的成效，但是莫斯科市的土壤污染问题仍然存在，苯并［*a*］芘污染以及锌金属的超标较为明显。莫斯科政府仍然需要通过能源政策、交通管制措施以及工业结构调整来进行进一步的改善土壤质量。

四、城市环境管理的建议

1. 制定综合城市环境规划

城市不同要素是密切相关的，不同环境要素管理政策之间既有可能相互促进也有可能互相矛盾，因此需要制定综合性城市环境规划。莫斯科根据城市环境的特点制定长远城市环境规划，较为全面地纳入了各环境要素，形成综合城市环境规划，一定程度上避免了各要素管理间的矛盾。因此，在城市环境管理问题上宜尽早制定综合城市环境规划，将环境规划嵌入城市规划体系中，统筹社会经济活动与环境共同发展，统筹大气、水、固废、土壤等环境要素的管理，做到各环境要素管理有机融合，更好地管理城市环境。

2. 制定具体管理执行方案

通常，国家层面负责制定环境政策、规章和标准，并向地方政府提供技术和财政援助。然而，本质上大多数环境问题源于地方，属于地方层面的问题，需要地方政府采取行动，故从中央到地方各级政府的执行能力对解决环境问题起着至关重要的作用。而莫斯科城市固体垃圾管理、城市水资源管控等政策都制定了具体的执行方案，所以其施策效果也相对较好。因此，在城市环境管理时，应加强制定具体执行方案，以便促进地方当局在城市环境管理方面的执行效率。

3. 鼓励公共参与

目前，城市环境管理政策除依靠政府力量外，逐渐加强非正式团体（非政府组织和 CBOs）、社区居民、企业家和技术专家等社会各阶层的参与。通过授权战略，让受城市发展影响的利益相关者直接参与城市环境管理，不仅能够减轻政府财政压力，也能提高城市社会环保意识，减少政策实行的阻力，提高政策的执行效率。

4. 健全环境监测网络及信息数据库

环境管理政策的制定以及实施均需要以庞大的环境数据作为支撑。莫斯科拥有水质、大气、绿化建设、土壤状况等各种环境要素监测网络，并且建立了各类环境要素籍簿制度，长期动态地追踪各类环境质量变化，为政府环境决策提供充足的数据依据。因此，建议学习俄罗斯的籍簿制度，设立专门机构，编制长期动态的环境信息库，为立法和决策提供信息支持。另外，建议要充分保障公民的知情权以及参与权，通过设立简便易行的环境信息查询平台，保证公民特别是利益攸关的公民及时、准确地获取信息。